SCÈNES DE LA VIE DU SPORT EN ÉCOSSE.

UNE

CHASSE AU COQ DE BRUYÈRE.

Paris, — Imprimerie Simon, Raçon et Ce, rue d'Erfurth, 1.

UNE

CHASSE AU COQ DE BRUYÈRE

EN ÉCOSSE

ÉPISODE DE 1848

" The rose through many a garden land
may shed its riche perfume ;
But I would rather wander' mong the
bonnie, bonnie broom.
Let me behold the montains steep,
and wild deer roaming free,
The heathy glen, the ravine deep, auld
scotland's hells for me. "

(Que la rose répande ses suaves parfums
dans les jardins, j'aime mieux pour mon
compte errer à travers les genêts, les
gentils genêts, contempler les montagnes
escarpées, et suivre de l'œil les damns sauvages bondissant en liberté de rocs en rocs
dans les bruyères touffues, les ravins profonds, et sur les collines de ma vieille et
chère Écosse.)

PARIS

AU BUREAU DU JOURNAL DES HARAS
PLACE DE LA MADELEINE, 8

1855

CHASSE AU COQ DE BRUYÈRE

EN ÉCOSSE.

I

Tous les véritables amateurs de la chasse savent que la chasse au coq de bruyère finit le 10 décembre, tandis qu'elle se prolonge pour l'autre gibier, tel que perdrix, faisans, etc., jusqu'au 1er février.

Le coq de bruyère est un charmant et délicieux oiseau, aussi agréable à l'œil par la richesse et le coloris de son plumage, que suave au palais par la finesse délicate de sa chair.

Rare dans nos contrées, il se trouve en grande abondance dans les landes d'Écosse, qu'il peuple et vivifie au point de rendre ces immenses forêts de genêts aussi productives aux propriétaires qu'attrayantes par les plaisirs dont elles sont l'objet à certaines époques de l'année.

Le 12 août est la date invariable de l'ouverture de la chasse au coq de bruyère. On s'y prépare longtemps à l'avance. Les invitations sont briguées avec une ardeur qui surpasse de beaucoup le désir que ferait naître au cœur d'une jolie femme l'attente du bal le plus brillant. Sa grâce le duc d'Atholl, un des plus célèbres sportsmen d'Angleterre, possède en Écosse les landes les plus giboyeuses. Il n'est bruit, durant les courses de chevaux, que de ses succès et de ses magnifiques équipages. C'est bien autre chose quand sonne l'heure de la saison de chasses. Roi sans contrôle au milieu de ses immenses domaines, il y exerce une hospitalité vraiment royale.

Mais cet heureux mortel n'a pas seul le monopole de la chasse au coq de bruyère ; un grand nombre de propriétaires de landes en tirent, à chaque renouvellement de la saison, des revenus considérables. Ainsi, j'ai connu à Londres une société formée de quatre membres, tous quatre de mes amis, qui affermèrent une lande l'année dernière, au prix fabuleux de 150 livres sterling pour la saison. Et, comme je m'étonnais de cette excentricité, l'un d'eux me dit, en riant de ma surprise, que ce prix n'avait rien d'exagéré ; qu'au contraire, ils venaient de conclure un marché très-avantageux. « Croyez bien, mon cher monsieur, ajouta-t-il, que si la chasse de 1847 n'avait pas été malheureuse, par suite d'une épidémie qui a régné parmi les oiseaux sauvages des montagnes, et rendu inutile leur destruction, tous ceux que l'on abattait étant malades, partant d'aucun usage, nous n'en serions pas quittes à si bon marché.

— Eh bien ! lui dis-je, êtes-vous sûr que le fléau a disparu, ou tout au moins qu'il n'a pas éclairci considérablement les rangs de ce gentil peuple, en nuisant à sa reproduction ?

— Il est certain que le gibier sera moins abondant ; mais nous avons pris nos précautions sur l'état sanitaire de la colonie. Tous les membres sont sains et de bon aloi cette année. Aussi avons-nous payé un prix bien inférieur à celui qu'on aurait exigé de nous, si cet incident ne s'était pas produit à la saison dernière. »

Convaincu par des raisons aussi concluantes, j'acceptai avec joie l'invitation, qui me fut faite en termes très-gracieux, d'assister, en compagnie de ces intrépides insulaires, à la prochaine ouverture de la chasse au coq de bruyère.

II

Nous étions aux derniers jours de juillet. Rendez-vous fut pris dans le petit village de Bamtom, situé au pied des

Grampians, landes renommées en Écosse par la quantité de gibier sauvage qu'on y trouve.

Cette partie de plaisir me promettait des péripéties d'autant plus attrayantes, que les hommes ne devaient pas seuls composer notre caravane. Deux charmantes personnes de dix-huit à vingt ans, sœurs de mon ami Dundas, intrépides amazones, citées pour leur adresse au tir du coq de bruyère, et que je n'avais fait qu'entrevoir lors de mes rares visites à Hamsted, lieu de résidence de la famille, seraient des nôtres. Et, selon moi, rien n'embellit une excursion champêtre comme ces frais et gracieux visages de jeunes filles, qui respirent toujours, mais en Angleterre surtout, le bonheur, la gaieté franche, et cette douce innocence de mœurs qui n'exclut pas la liberté et le sans-façon des relations. J'aime, je l'avoue, cette familiarité pleine de convenance et d'abandon, qui puise un charme infini dans cet inconnu, ce sentiment vague du bien-être, qui saisit l'homme à l'approche d'une femme, dont il ne brigue ni n'espère les faveurs ; le respect qui lui sert d'auréole étant comme l'arche sainte qui sépare la liberté de la licence, et plonge l'âme et les sens dans de ravissantes extases.

Et je n'avais de ma vie contemplé de plus jolis visages que ceux dont étaient douées par la nature nos futures compagnes de chasse.

Qu'on ne soit donc pas étonné si je m'informai de leurs noms, et si j'enregistrai avec soin dans ma mémoire les *petits noms* de Nelly et de Regina.

Tout ce que je savais d'elles, c'est que Nelly était blonde, d'un caractère vif et passionné ; Regina brune, d'un caractère froid, quoique romanesque au suprême degré. Garçon et maître de ma fortune, qui, très-médiocre, pour ne pas dire illusoire dans un pays où tout se compte par millions, je donnai dès ce moment cours à mes rêves, à ma poétique imagination, qui, sur les ailes de l'illusion, me conduisait insensiblement vers la réalité. Ce maudit Dundas, qui adorait ses sœurs, comme un frère sait comprendre le sentiment fraternel en Angleterre, ne me parlait que d'elles, de leurs grâces, de leurs talents, de leur avenir, de ses projets sur leur établissement, etc. Il allumait ainsi, à son insu, l'incendie dans mon cœur avec ce sang-froid britannique dont on n'a pas d'idée en France.

On jugera facilement de l'impatience fébrile avec laquelle j'attendis l'époque fixée pour notre rendez-vous aux Grampians.

Afin de tromper les heures qui me paraissaient des siècles, je m'ingéniais à tuer le temps, comme on dit vulgairement, du matin au soir ; j'arpentais les vastes rues de Londres, et souvent j'étendais mes pérégrinations jusqu'aux villages qui entourent cotte immense cité, et lui font comme une ceinture de jolies villes de fleurs, de feuillages et de coquettes villas, dont l'harmonieuse symétrie se marie avec tant d'art à l'ensemble de la métropole, qu'on dirait un théâtre sans limites, un horizon infini, toujours peuplé, toujours animé, toujours accidenté. En un mot, je défie le voyageur le plus exact de préciser le point où commence et où s'arrête la capitale de l'Angleterre. Londres a sa *source* à Douvres, et son *embouchure* à Liverpool.

Enfin, les jours s'écoulèrent, et, le 10 août, je pris la route de Bamton.

III

Je ne connaissais pas encore la riante et cependant sévère et pittoresque Écosse. Walter Scott l'a trop bien décrite pour que je tente de broder sur le canevas du grand maître. Tout le monde a lu les *Puritains*. Or, tout le monde sait son Écosse par cœur ; car l'illustre romancier, doué du don surnaturel de la description, vous permet de voyager dans un fauteuil, au coin d'un bon feu, dans une chambre bien chaude, et, quand vous l'avez lu, vous avez goûté une double jouissance, celle d'orner votre esprit de l'esprit incomparable de l'auteur, et votre imaginatiun du tableau géographique le plus complet, le tout sans fatigue pour le corps, et, ce qui est mille fois préférable, sans aucune de ces déceptions que les touristes rencontrent à chaque pas, au milieu des nombreux inconvénients du voyage.

Mes compagnons de *chasse* étaient déjà réunis dans un délicieux cottage où, comme par enchantement, tout le comfort de la vie anglaise se trouva transporté. Rien ne manquait à cette piquante improvisation : les tapis, les meubles, le luxe du service. On eût dit que mes hôtes étaient installés là depuis dix ans. L'écurie, le chenil, étaient au grand complet.

Je fus reçu avec cette cordialité franche et de bon goût qui distingue au plus haut degré la nation anglaise. Là seulement les étrangers sont de suite à l'aise ; ils goûtent les vraies jouissances du *home*. Et certes ce n'est pas à l'hospitalité britannique qu'on pourrait appliquer ce dicton français : *Il n'y a pas de petit chez soi*. Il serait plus à propos de parodier ce proverbe, et de dire : *On est mieux là que chez soi*.

Après la toilette, préliminaire indispensable du dîner, on nous servit un de ces repas sans nom, que je défie nos plus intrépides gastronomes d'imiter à Paris, tant chaque chose y est à sa place, sans faste et sans affectation, tant la fraîcheur et l'exquise netteté des mets invite et sollicite les caprices de l'estomac, sans fatigue, sans ennui, et surtout sans satiété. C'est dans ce pays seulement que j'ai compris les plaisirs élégants de la table.

Peut-être aussi étais-je d'autant plus porté à savourer le parfum de la vie matérielle, que je puisais de plus vives extases dans la contemplation de deux charmantes convives, qui me faisaient avec une indicible aménité les honneurs de ce premier repas. L'influence de la beauté agit puissamment sur nos sens, et il semble qu'on se sent deux fois exister lorsqu'on est sous l'empire du double sentiment du bien-être physique et moral.

IV

Le lendemain, de très-bonne heure, je fus agréablement éveillé par un bruit de fanfares qui sonnaient le départ. Je m'étais pourvu du costume de rigueur : pantalon de peau de daim, gilet de piqué blanc, habit vert, coupe droite, avec boutons d'argent, souliers et longues guêtres de cuir boutonnant jusqu'au genou.

A huit heures je me joignis au cortége ; miss Nelly et sa sœur, vêtues d'amazones d'un drap léger, et coiffées d'un gracieux chapeau de feutre gris, garni de plumes rouges, sous lequel tombaient en grappes magnifiques les boucles touffues de leur chevelure, précédaient la marche ; les chevaux qu'elles montaient étaient de la plus belle espèce du pur sang anglais ; animé par l'air vif et frais du matin, leur teint le disputait en éclat aux roses des allées sablées que nous occupions.

Mon ami Dundas donna l'ordre d'ouvrir la barrière principale, et la petite troupe s'élança avec ordre vers le lieu du combat, c'est-à-dire la lande, qui était à un mille environ de l'habitation.

Un chariot, portant les provisions de bouche pour le déjeuner que nous devions faire à l'auberge du Bel-Air, nous suivait à quelque distance.

Mes compagnons de *chasse*, au nombre de six (non compris les dames), étaient tous Anglais ou Écossais. J'étais le seul Français de la société. Chemin faisant, ces messieurs se livraient à une foule de pronostics, les uns de bon augure, les autres alarmants, sur l'abondance ou la disette probable du gibier. L'année précédente n'avait pas été heureuse, le gibier avait été rare et mauvais.

Quant à moi, j'étais loin de ces conversations, qui me paraissaient bien vulgaires, en présence des sites merveilleux que nous apercevions à chaque pas, et du spectacle imposant qui se déroulait devant mes yeux éblouis. Mon attention était absorbée dans la contemplation du Créateur, qui semblait, avec ce soleil pourpre du matin, les chaudes haleines de l'air, nous convier à cette fête, et la créature, qui se révélait si splendide sous la forme légère et vaporeuse de nos amazones, dont la course rapide ressemblait au vol des anges se dirigeant vers le ciel bleu qui leur tendait les bras.

Tout à coup je fus ramené au prosaïsme de la situation par une rude apostrophe de mon voisin de droite : *Stop-let us stop here !* (Halte ! c'est ici).

V

Nous touchions à la lisière de la lande, but de notre excursion.

A un signal donné, nous descendîmes de cheval, et pendant que nos dames, retirées derrière un bouquet d'arbres, se débarrassaient de leurs amazones, une seconde fanfare, répétant un air d'Écosse bien connu, préludait aux saisissantes émotions de la chasse.

J'ai bien souvent, dans le cours de ma vie aventureuse, éprouvé de ces surprises qui plongent tout à coup l'âme dans l'extase. J'ai bien des fois admiré avec enthousiasme les plus merveilleuses scènes de la nature ; mais mon imagination n'avait pas encore rêvé un tableau pareil à celui qui s'offrit à moi, lorsque les deux sœurs vinrent en folâtrant se joindre à nous. Elles étaient entièrement métamorphosées : une tunique de velours vert, serrant la taille et tombant jusqu'à la naissance du genou ; un pantalon de l'étoffe la plus fine, se jouant au-dessus de brodequins en maroquin vert, garnis de boutons d'or; la tête couverte d'une casquette à la jockey, en velours de même nuance que la tunique, et qui retenait prisonniers leurs beaux cheveux naguère flottant au gré du vent; le fusil sur l'épaule. Tout ce petit appareil masculin, porté avec une grâce et un air de candeur adorables, me fit l'effet d'une apparition fantastique. Rien de plus coquet, rien de plus piquant, de plus frais, que ce joli groupe de deux jeunes filles, vêtues et armées pour une course à pied, à travers les broussailles et les aspérités de la montagne. Je ne pouvais admettre que ces douces mains, que ces yeux remplis de douceur et de bonté, allaient devenir des instruments de mort pour ces pauvres oiseaux que nous venions troubler dans leurs paisibles retraites.

Cependant il fallut sortir de ma rêverie pour saisir le terre-à-terre de la réalité. En chasse! en chasse! pour moi c'était b cri d'alarme, car j'armai machinalement mon fusil, comme s'il se fût agi de combattre l'ennemi.

En effet, les chiens furent lancés, et l'assaut commença. Il faisait une chaleur étouffante, et nous avions devant nous la perspective d'une longue et pénible journée ; car il est bon que je vous apprenne, si vous l'ignorez, qu'une lande d'Écosse présente quelquefois une superficie de plusieurs milles, de telle sorte, qu'y compris les inégalités de terrain, il en résulte pour le chasseur un exercice des plus fatigants. Cependant nous marchions toujours, un chien en avant, et rien n'annonçait encore une chasse heureuse.

J'entendais murmurer auprès de moi ces mots sacramentels : *The game flies before us* (Le gibier fuit devant nous).

J'avoue que je m'effrayais de cette tactique du gibier, qui ne tendait à rien moins qu'à nous faire arpenter ainsi toute la lande, sans espoir de l'atteindre jamais. Je n'ai jamais compris cette prétention exorbitante d'appeler la chasse à tir un délassement, à moins que ce ne soit par ironie : c'est à coup sûr un affreux contre-sens ; mais je puisais des forces dans cette courageuse témérité avec laquelle miss Regina soutenait la lutte. J'aurais rougi de me montrer moins énergique qu'une jeune fille, et d'ailleurs la scène changea bientôt d'aspect. Le gibier, las sans doute du système qu'il avait d'abord adopté, se levait de toutes parts, et un feu de peloton le mitraillait dans l'air...

Puis, c'étaient des bruits confus de voix, de cris de victoire ; et chacun de courir, de se baisser pour ramasser la pièce tombée, ou la ravir à l'ardeur trop vorace de quelque *pointer*..... Et la chasse continuait bruyante et animée par ce premier succès.

La passion de la chasse donne souvent la fièvre, comme celle du jeu. L'attente, l'impatience, le frémissement des herbes, le flair des chiens nous irritent et nous brûlent. Là, nous subissons toutes les péripéties du joueur. Une fausse alerte, c'est une partie perdue ; mais vienne un succès, quelque léger qu'il soit, le calme renaît, les sens sont rafraîchis, la fatigue du corps s'évanouit, et vous poursuivez le but avec une confiance nouvelle.

Il en fut ainsi, et comme un bonheur n'arrive *jamais seul*, cette victoire fut suivie de beaucoup d'autres.

Les Anglais, ces calculateurs sublimes en toutes choses, ont un si religieux respect pour cette science du chiffre, qu'ils l'appliquent à tout, même à leurs plaisirs. Un carnet de chasse est un objet aussi indispensable qu'un fusil; à chaque pièce qui tombe, ils accordent les honneurs de l'extrait mortuaire, ce qui consiste à écrire au crayon : N° 1, telle pièce de gibier. et la couleur, le sexe, jeune ou vieille, et ainsi de suite jusqu'à la clôture de la chasse.

Et en cela ils imitent leur grand maître en vénerie, le duc d'Atholl, dont le *shooting-book* contenait l'année précédente cent quarante bêtes fauves, dont douze tombèrent le même jour sous les terribles coups de Sa Grandeur.

Cependant la chasse continua plus vive, plus meurtrière que jamais. La petite meute, stimulée, sillonnait les genêts en tous sens, et le gibier, effrayé de cette rude joute, se levait de toutes parts.

VI

Enfin, après un premier tiré, qui fut des plus heureux, le soleil sur nos têtes marquant midi, nous nous acheminâmes vers l'auberge du Bel-Air, lieu du rendez-vous général. Tous les domestiques, réunis à la porte, attendaient notre arrivée. Le maître de l'hôtellerie nous reçut avec une cordialité expansive, et nous conduisit vers une magnifique tente, élevée avec art sous un dôme de feuillage, au milieu de son *parc*.

Comment ! une auberge de village avec un *parc*, un pavillon élégant, un caravansérail au pied d'une lande ! Mais vous nous faites de la poésie, et de la poésie en 1849, c'est un anachronisme, me diront les lecteurs qui n'ont pas visité ces curieuses contrées. Rien n'est plus vrai cependant. Pour moi, je n'en étais pas à mon premier étonnement, et il m'avait déjà fallu passer par tant de surprises chez ce peuple, ami passionné du confortable, que je commençais à m'y habituer, et à me faire sobre de ces exclamations naïves. assez mal comprises de gens que rien n'étonne. Oui, une délicieuse oasis dans cette solitude, loin des routes et des chemins de fer.

Il faut tout dire aussi. L'Angleterre n'est pas un pays comme un autre ; l'industrie s'y montre sous tous les aspects, et M. Stanley, notre hôte, tient un rendez-vous de chasse ; son établissement est célèbre à trente milles à la ronde, et les chasseurs d'Écosse le connaissent aussi bien que nos roués de la régence connaissaient autrefois les Porcherons, à cette différence près, que l'orgie ne se produit à l'auberge du Bel-Air que sous les formes du sherry et du porto, et que la décence et les mœurs y sont à l'abri de toute injure. Bon vin, bonne chère, là se borne toute l'ambition du chasseur écossais ou anglais. Hâtons-nous d'ajouter toutefois que le respect des convenances est toujours scrupuleusement gardé, et que la chasteté la plus austère préside à leurs propos, tant ils glorifient la femme, qu'elle soit jeune fille ou épouse.

D'ailleurs, le sujet *capital* de la conversation roulait sur les exploits de la matinée. Par galanterie (et en cela brille le type de bonne compagnie qui distingue les Anglais bien élevés), aucun de nous ne songea à s'adjuger la royauté de la chasse. Miss Regina, à son titre de sœur aînée, et de deux ou trois pauvres victimes que sa main avait faites et que son cœur regrettait silencieusement d'avoir immolées à un cruel plaisir ; miss Regina fut saluée reine à l'unanimité, mais reine constitutionnelle, avec une charte qui lui imposait certaines obligations assez embarrassantes pour une jeune fille. Sous peine de perdre sa couronne, il lui fallait choisir un roi, ou plutôt un esclave-roi avant la fin du déjeuner. Cet immense honneur, qui aurait dû faire des jaloux, même si tous les convives eussent été des princes du sang, ne fut l'occasion d'aucune scène émouvante. Tous restèrent froids et impassibles, attendant le jugement de leur souveraine, qui souriait comme une enfant gâtée à ce jeu d'une couronne.

Cependant elle promenait des regards incertains sur les convives.

Lorsqu'ils s'arrêtèrent sur moi, je sentis que la vie se retirait, ma vue se troubla, mon corps tremblait ; mais elle, avec un naturel plein de charme et de fine coquetterie, ne se déconcerta nullement, et, d'une voix aussi pure qu'assurée, prononça en français ces mots, qui se gravèrent profondément dans mon cœur : « Monsieur, si je choisissais parmi mes compatriotes, je craindrais de faire des envieux ; votre titre d'étranger et de gentleman vous appelle au partage de ma royauté d'un jour. Voulez-vous être mon chevalier jusqu'au coucher du soleil ?

— Miss, lui répondis-je assez gauchement et avec le ton banal de la galanterie française, j'accepte cette faveur inespérée, et ce jour sera pour moi un siècle de bonheur et de souvenirs. »

Et, sans plus de façon, elle me tendit sa blanche main en ajoutant : *Now, mylord, be aware of your duty* (Maintenant, monseigneur, faites votre devoir); ce qui signifie tout simplement : le jeu commence, tâchez de gagner la partie.

Dès ce moment il s'établit entre nous un aparté qui me fit découvrir en elle un nouvel attrait ; car, aux grâces de la personne, mis Regina joignait les charmes d'un esprit cultivé et nourri des connaissances les plus variées. La musique, les arts, la littérature, l'histoire, rien ne lui était étranger. Elle causait bien, même avec éloquence ; sa voix douce, brisée par un léger accent, avait des notes d'harmonie qui allaient à l'âme ; en un mot, elle était digne d'inspirer un de ces amours qui naissent d'un regard et vivent des années.

La vivacité de notre entretien n'alarma personne. On semblait admettre, sans équivoque, cet épanchement naïf d'une jeune fille avec un étranger. Horace Dundas nous envoyait de temps en temps un sourire d'intelligence, qui pour moi se traduisait en un encouragement, car mon émotion se trahissait malgré moi.

VII

Cependant ce bonheur, un des plus vrais et des plus purs dont je me souvienne, fut de courte durée.

Nous étions à cette heure du repas, à cet entr'acte qui précède le dénoûment et marque le départ des dames.

Cette coutume, dont l'origine remonte aux temps les plus

reculés, et qui a toujours été religieusement observée dans les hautes régions de l'aristocratie, est loin cependant d'être aujourd'hui ce qu'elle était autrefois. A une époque reculée de celle où se passe notre histoire, la table et la chasse, la guerre et l'amour, l'art de dompter un cheval, de rompre des lances avec les buveurs les plus renommés du royaume uni, occupaient la vie aventureuse des anciens barons saxons et même de leurs descendants.

La civilisation, qui a fait le tour du monde, n'a pas épargné ce reste de féodalité en Angleterre. Depuis le beau règne de la grande Élisabeth, les mœurs ont gagné en élégance et en bonnes manières. Les femmes enfin ont ressaisi leur empire; et du jour où le charme qu'elles répandent autour d'elles a opéré cette heureuse révolution, la rudesse des habitudes, les saturnales de l'orgie se sont réfugiées dans les classes inférieures. De là date la véritable *gentilhommerie* anglaise.

Mais de ce que le côté grossier et carnavalesque de cette vieille tradition s'est modifié, il ne s'ensuit pas que l'usage se soit complétement éteint. Non, le cachet primitif est resté; et je ne sais si l'on doit approuver ou blâmer cette profonde vénération, ce respect héréditaire des Anglais pour les usages de leurs aïeux. C'est peut-être là qu'est le secret de la puissance et du prestige dont jouit encore leur aristocratie, à l'heure où toutes les pyramides de parchemins, de titres, de droits, de priviléges, si péniblement édifiées pendant tant de siècles chez les autres peuples, se sont tour à tour écroulées.

Mais revenons à nos chasseurs, qu'aiguillonnaient sans doute ces souvenirs glorieux. Après de longues libations, l'esprit s'allumant dans leurs cerveaux, et la marche du matin ayant alourdi leurs membres, on se sentit moins disposé à reprendre la lande. D'ailleurs le ciel s'était assombri, comme il arrive souvent dans cette île, où la température varie plusieurs fois dans la même journée; l'atmosphère s'était chargée d'électricité, et tout pronostiquait un orage prochain.

Shall we shoot again? (Rentrons-nous en chasse?) dit Howel Dudley, gentleman écossais que j'aurais dû vous nommer plus tôt, puisqu'il joue un rôle assez important dans cette histoire, mais dont les manières roides et prétentieusement excentriques m'avaient tout à fait déplu.

A cette interrogation, le choc seul des verres répondit, et il fut dès lors décidé, par cette éloquente pantomime, que le repas était le seul genre d'exercice qui pût, pour le reste du jour, sourire à ces rudes jouteurs.

Cependant, comme l'heure avançait, et que les dames, qui n'avaient, dans le parloir où elles s'étaient réunies, que le bavardage nasillard de mistress Stanley pour distraction, trouvaient sans doute l'entr'acte très-long, un valet fut dépêché par elles, et apporta de leur part l'invitation très-impérative de quitter la table.

Encore un trait particulier du caractère anglais. En France, il faut bien le dire, les hommes ne pratiquent pas toujours les règles de la plus stricte galanterie, surtout lorsque la gaieté leur monte au cerveau, surexcité par les fumées du vin. En Angleterre, au contraire, les femmes jouissent de ce rare privilége, que leurs plus légers désirs font la loi suprême, et que leur présence, après boire, opère une sorte de talisman qui efface, du moins en apparence, jusqu'aux traces des effets produits par les liquides. L'amour-propre, le sentiment profond de leur dignité, sont si puissants chez les Anglais, que, dans ces circonstances, la raison ressaisit immédiatement son empire.

VIII

Aussi tous se levèrent comme un seul homme, et se rendirent dans la pièce où nous accueillirent les deux plus jolies moues du monde. Howen Dudley, le gentleman guindé, s'empressa pour la première fois auprès de miss Regina, et lui adressa des excuses d'un ton qui me parut presque impertinent. Je fus vite vengé, car, par un mouvement gracieux, mais significatif, la jeune fille esquiva la réponse, et, se tournant vers moi, me dit en souriant : « N'est-ce pas, monsieur, que dans votre pays les hommes comme il faut ne laissent pas ainsi les dames seules après le repas ?

— Mademoiselle, chaque pays a ses coutumes que je respecte : mais j'avoue qu'en ce moment j'ai maudit celle-ci, puisqu'elle m'a dérobé des instants que j'aurais été mille fois plus heureux de vous consacrer.

— *I hate compliments, sir* (Je hais les compliments, monsieur) ; on m'a souvent dit des compliments français, que la bouche les prononçait tandis que le cœur les désavouait. *Is it true* (Est-ce vrai)?

— C'est vrai quelquefois ; mais alors c'est de l'hypocrisie. ou plutôt ce qu'on décore du nom d'usage du monde, de savoir-vivre. Quant à moi, je peux vous affirmer que, dans le vœu que je formais tout à l'heure, le cœur seul a parlé. »

Les joues naturellement pâles de la jeune fille se colorèrent d'un pudique carmin, ses paupières se voilèrent ; l'embarras naissait ; elle m'avait compris.

Je pensai qu'il était de bon goût d'en rester là, et je m'inclinai respectueusement en m'éloignant de quelques pas.

« Eh bien, messieurs, dit tout à coup Dundas, nous allons, si ces dames le désirent, finir la journée par une promenade sur le lac Heaven. Vous savez qu'il fait partie du magnifique domaine que la reine Victoria a acheté dans cette contrée, afin d'y procurer au prince Albert, son auguste époux, les plaisirs de la chasse au coq de bruyère. J'ai appris que Son Altesse arrive demain. Profitons donc de l'absence du maître pour visiter aujourd'hui cette vaste pièce d'eau, dont on raconte des merveilles. Je viens de donner des ordres pour amener les barques. Nous n'aurons pas le *yacht royal*, mais notre hôte en possède de très-confortables qu'il veut bien mettre à notre disposition, ainsi que des filets pour pêcher, si l'envie nous en prend. D'ailleurs, nous prendrons nos fusils et nous emmènerons nos chiens. M. John prétend que nous trouverons dans les épais fourrés de joncs qui bordent le lac, des poules d'eau, des sarcelles, des râles et autres oiseaux aquatiques. »

Cette proposition fut accueillie avec enthousiasme, surtout par les deux sœurs, qui, à l'idée de la pêche, surtout d'une nouvelle distraction, bondirent de joie comme deux jeunes faons.

Il fut convenu qu'on ne changerait pas de costume, afin de conserver une ressource dans le cas où quelque avarie surviendrait à nos vêtements. C'est une précaution que ne négligent jamais nos voisins lorsqu'ils vont en chasse. J'avais omis d'en faire mention au début de ce récit. Le fourgon de suite contient encore, outre les provisions de bouche et les munitions, une garde-robe complète d'effets de tout genre, qui leur permet de changer de linge et même d'habits, mais de linge toujours, avant de se mettre à table, au retour de la chasse. J'étais prévenu. Je suivis cet exemple, dont l'oubli eût à jamais compromis mon caractère de gentleman.

Français, mes amis, qui possédez au plus haut degré la science du monde, s'il en est parmi vous qui n'aient pas encore fait leur pèlerinage britannique, et qui soient tentés de l'entreprendre, initiez-vous jusqu'aux plus minutieux détails à toutes les bizarreries, à tous les raffinements de comfort, à tous ces riens enfin de la vie anglaise, qui pour eux seront le thermomètre de votre mérite, de votre distinction, et qui feront dire de vous : *He is a capital well educated gentleman!*

IX

Le lac Heaven (1) doit son nom à une ancienne légende du pays. A une époque bien éloignée, une immense forêt vierge, hantée seulement par des bêtes fauves, empêchait les Saxons du moyen âge de s'approcher de ce lieu redouté. Le lac était entièrement inconnu. Il fut découvert en 1320 par un intrépide chasseur, Jack Ramrod, qui, s'étant égaré à la chasse dans les labyrinthes de la forêt, erra durant bien des jours et bien des nuits à travers les broussailles et les fourrés. A bout de ses forces, il invoquait Dieu comme ressource extrême. Tout à coup il fut ébloui par une lumière éclatante, que reflétaient des eaux limpides. Ce ciel bleu qui se révélait à lui, c'était son salut ; car, en suivant les bords escarpés du lac, il put s'orienter et trouver enfin une issue.

« Ciel ! ciel ! se serait-il écrié, en se prosternant, lorsqu'il fut hors de danger, grâces te soient rendues ! J'implorais la vie,

____

(1) Le mot anglais *heaven* signifie ciel.

tu m'envoies un trésor. Que ce beau lac rappelle désormais ton éternelle image. Je le baptise de ton nom sacré. »

Il y a toujours un côté vraisemblable dans les traditions du passé. Ces ondes bleues, alimentées par mille sources jaillissant des flancs d'une haute montagne, dite la *Butte aux carpes*, sont encaissées d'un côté par un rideau d'arbres séculaires, de l'autre par les murailles de ce roc, dont il baigne les pieds dans sa course circulaire.

L'isolement lui imprime un cachet de majesté grandiose, inspire un religieux respect et de pieuses méditations.

Après de longs détours à travers les bois peu fréquentés, nous arrivâmes à cheval jusqu'à la rive, où les barques nous attendaient. Les domestiques nous avaient suivis à pied, portant les armes et conduisant les deux seuls chiens qui, habitués aux chasses d'eau, pouvaient nous servir. Ces chiens, de même race, mais de robes différentes, s'appelaient *White* et *Black*, et appartenaient à sir Dudley et Georges Harris, *le tueur d'ours*. Le surnom donné à Harris lui venait d'un voyage en Norwége, où il se vantait d'avoir soutenu des luttes désespérées contre ces animaux, dont il ne cessait de citer, à tout propos, les farouches instincts et les formidables retours, lorsqu'ils n'étaient que blessés. Quant à lui, ses coups avaient porté juste, et il aurait habillé une compagnie de contrebandiers norwégiens avec les fourrures de ses victimes. Ce à quoi Horace Dundas répondait invariablement et sans sourire : « Vous auriez bien dû, mon cher, nous rapporter quelques trophées de vos victoires. »

Georges Harris rejetait alors son long buste en arrière, rapprochait des coins de sa bouche les extrémités de son col en pointe, qu'il mordait avec rage, et, superbe dans son dédaigneux silence, semblait ainsi défier le doute de monter jusqu'à lui.

Je me plaçai dans la barque qu'occupait miss Regina. C'était mon droit, que j'aurais bien désiré exercer sans partage. Sir Dudley et l'homme aux ours ne me laissèrent pas cette satisfaction : ils avaient tous deux pris place à côté de nous, et ils ordonnèrent aux rameurs de se charger de leurs chiens.

Horace Dundas, sa jeune sœur et les autres chasseurs montaient l'autre barque. L'on se mit aussitôt en mouvement.

Le temps était lourd ; les nuages plus condensés chargeaient
l'horizon, dont les teintes noires nous plongeaient dans l'obscu-
rité, à tel point qu'on eût dit une promenade faite au crépuscule.

X

Cependant les tièdes haleines de l'air, le balancement des
barques glissant sur l'onde, les molles et légères ondulations
du flot, le roulis uniforme, agissaient sur l'âme avec tant de
puissance qu'on se sentait, comme malgré soi, bercé par un
sentiment de bien-être et de douce mélancolie.

Peu à peu la pensée subissait ces impressions et s'enlevait
dans l'espace. Chacun se taisait comme sous l'influence d'un
rêve charmant.

J'avais près de moi miss Regina dont j'effleurais la robe, et
je voyais, aux frémissements de son sein agité, qu'elle parta-
geait mon émotion.

Bientôt cette muette intelligence devint magnétique... heureusement elle ne fut pas de longue durée ; afin de surmonter
l'embarras qui s'était emparé de nous, je voulus substituer à de
longs regards une conversation suivie. Après quelques hési-
tations, je trouvai un texte dans la scène qui se déroulait sous
nos yeux :

« Que ce spectacle est imposant ! dis-je à ma voisine ; que la
nature recèle de merveilles ! Ne trouvez-vous pas, mademoiselle, qu'il est des heures solennelles dans la vie, où le Créateur se révèle à nous sous un aspect si grand, qu'on le sent
presque, qu'on le touche ?

— Oui ! oh oui ! vous avez raison, monsieur ; quelque vive
que soit notre foi, notre nature imparfaite nous fait trop souvent oublier la présence de Dieu ; tandis que lui, dans son indulgence inépuisable, ne cesse de veiller sur nous. Que ceux
qui vivent sans religion sont à plaindre !

— La religion, mademoiselle, il y a bien des manières de
la comprendre et de la pratiquer. La religion, c'est une patrie

aimée dont on se souvient ; c'est cette vague et lointaine aspiration vers des joies infinies que la terre promet et ne réalise jamais. Mais que de gens, trompés par la forme, font aveuglément de tel ou tel dogme l'objet de leurs croyances ! En un mot, la religion, c'est l'espérance, c'est l'amour, c'est la poursuite de l'infini. Aussi je ne m'étonne pas des hérésies qu'elle a fait naître, des luttes sanglantes qu'elle a suscitées, des apôtres que sa loi a donnés au monde pour prêcher et répandre les doctrines les plus étranges, souvent les plus absurdes, s'appuyant sur le principe commun, universel, indiscutable, qu'il existe un être souverainement bon, souverainement juste, qui a droit à tous nos hommages, à toutes nos adorations. Mais que cette vérité nous apparaisse sous un emblème ou sous un autre ; que ces dénominations de catholiques, luthériens, calvinistes, aient produit de si grandes révolutions dans le monde religieux ; que ces distinctions soient l'occasion de haines, de passions, de querelles et de combats parmi les hommes, voilà ce que je n'ai jamais pu ni comprendre ni admettre ; car, avant tout, nous sommes frères et enfants d'une même patrie, de cette patrie dont je vous parlais à l'instant, et vers laquelle nous tendons sans cesse à remonter lorsque finira notre exil ici-bas. Nous sommes un peu comme ces proscrits du sol de leurs pères, toujours errants, toujours tourmentés de désirs inassouvis. »

Miss Regina m'écoutait dans un profond recueillement ; ses nobles traits s'étaient comme inspirés du sentiment qui la dominait ; ses yeux, plongeant dans les eaux limpides du lac, étaient fixes, mais d'une expression ravissante : elle pensait… Enfin, son regard suivit un autre cours ; elle le ramena vers moi, et me dit d'une voix lente et voilée :

« C'est vrai, monsieur, vous êtes catholique, vous ! et moi… j'appartiens à une autre religion. Chez nous, c'est un obstacle, quelquefois une barrière infranchissable entre gens d'une autre croyance ; je n'y avais pas encore songé.

— En France, lui répondis-je, nous sommes moins exclusifs ; nous ne nous arrêtons pas à ces subtilités ; cependant nous avons le respect des idées qui nous ont été inculquées dans notre enfance. C'est pour nous un devoir sacré envers la mémoire de nos aïeux, de ne pas abjurer la forme ; mais cette rigide et scrupuleuse observance ne s'étend pas au delà, et ne va pas jusqu'à enchaîner notre volonté et surtout notre avenir. »

Cet entretien, qui, par une dérivation que j'espérais amener, allait peut-être me conduire à mon but, celui de provoquer un aveu, fut tout à coup interrompu par un bruit confus de voix, s'élevant sur un diapason toujours croissant.

C'était William Dudley et sir Harris se livrant à une chaleureuse discussion, qui menaçait déjà de dégénérer en querelle sérieuse, à propos des talents extraordinaires, et de la vigueur surnaturelle de leurs chiens, *Withe* et *Black*, dans la chasse au marais. Dudley soutenait qu'un jour *Black* était allé chercher, à plus d'un mille en mer, un gibier qu'il avait tiré sur la dune, et qu'une vague avait entraîné; qu'il avait ainsi nagé pendant une heure au moins, sans effort, sans fatigue. Sir Harris racontait un trait non moins surprenant de la part de *White*.

Les Anglais, comme on le sait, sont très-joueurs et surtout très-parieurs de leur nature. L'occasion leur parut favorable pour vider leur différend. Ils préférèrent un duel entre chiens à une rencontre sur le terrain ; car déjà ils avaient échangé, dans le feu de la controverse, de ces mots que la vivacité excuse, mais que l'honneur relève pour les effacer avec du sang, surtout en France. Un bon pari leur parut plus judicieux. Après tout, il vaut mieux payer une injure de sa bourse que de sa vie. 100 livres sterling furent engagés ; on me déclara témoin et arbitre du pari, et, malgré mes observations très-mesurées d'ailleurs sur ce singulier défi, et le peu de générosité que je trouvais à rendre deux pauvres bêtes victimes d'un pareil débat, malgré les prières les plus touchantes de miss Regina, les chiens furent appréhendés au collier, suspendus de chaque côté de la barque, et, à un mot d'ordre, lancés dans le lac.

Pendant quelques minutes, nous suivîmes avec intérêt cette scène, qui témoigne au plus haut degré de l'excentricité anglaise. Nous nous impressionnions, à notre insu, de toutes les phases de la lutte ; notre admiration était partagée entre ces deux bons serviteurs, qui semblaient avoir vraiment l'intelligence des désirs respectifs de leurs maîtres. Aussi rivalisèrent-ils de souplesse, de force, d'énergie, aussi longtemps que la fatigue n'eut pas trahi leurs forces. Déjà ils nageaient depuis un quart d'heure, et, excités du geste et de la voix, on sentait bien qu'ils tentaient de suprêmes efforts. La langue à moitié sortie de la gueule, les yeux à fleur de tête, les oreilles renversées, ces pauvres chiens demandaient grâce, et, s'approchant de la barque qui fuyait devant eux, tentaient en vain de se cramponner aux parois.

Ce jeu barbare faisait mal à voir. Miss Regina, n'y pouvant plus tenir, se leva, et, se précipitant au bras de Dudley, lui demanda, les larmes aux yeux, de faire cesser la joute. Comme ses larmes ne produisaient aucun effet, elle usa de son pouvoir de femme en ordonnant la fin du combat; mais elle avait compté sans l'entêtement d'un Anglais en travail de pari. Tout fut inutile. Quant à moi, je souffrais cruellement, et j'aurais volontiers infligé aux parieurs le sort de leurs chiens, si je n'avais eu assez d'empire sur moi pour réprimer mon émotion. J'étais presque l'hôte de ces hommes; il ne m'appartenait pas de me faire leur juge.

L'issue de la lutte ne se fit pas attendre. *Black* résista encore; mais *White*, après avoir jeté à son maître un regard douloureux et tendre, un dernier regard en signe d'adieu, disparut sous les eaux. Le pari était gagné; le chien vainqueur fut rappelé et ramené à bord.

Le maître du pauvre *White* était resté là impassible, sans bouger, en proie à la seule rage d'avoir été battu; de son chien, il ne s'en occupait pas. Miss Regina, que le reste de cette scène avait bouleversée, était retombée sur son siége, sa belle tête dans les mains, immobile de dégoût et de honte.

« Mais, sir Harris, m'écriai-je en indiquant du bras la place où l'animal avait disparu, vous ne laisserez pas ainsi mourir votre chien. Il faut le sauver !

— Lui ! répliqua Harris, comme sortant d'un rêve, qu'il aille au diable !... il n'a pas su répondre à mon attente. C'était une bête sans cœur, sans courage; je ne donnerais pas un *penny* de sa vie.

— Eh bien, moi, je le sauverai ! m'écriai-je dans l'élan de mon indignation. Mais si je le sauve, sachez-le bien, ce chien ne vous appartient plus; je le garderai.

— Comme vous voudrez, monsieur le Français, me dit

Harris ; je l'abandonne entièrement à votre chevaleresque enthousiasme. »

Je me débarrassai seulement de mon habit, et, sautant sur la poupe, je me jetai à l'eau. Je crus entendre un cri derrière moi ; mais il se perdit dans le flot qui déjà m'emportait. Après quelques brassées jusqu'à l'endroit où *White* avait été englouti, je plongeai, et fus assez heureux pour saisir à peu de distance sous l'eau l'animal qui, presque sans mouvement, ne fit aucune résistance pour se laisser prendre. Aussitôt je remontai à la surface avec ma proie.

Surpris de ma ridicule équipée, — ce fut ainsi qu'ils la qualifiaient intérieurement, — mes compagnons eurent cependant plus d'égards pour moi que pour le naufragé. Ils firent arrêter la barque, qui fut ensuite dirigée de mon côté ; on me tendit un aviron que je saisis, et d'un bond je m'élançai dans l'intérieur, après avoir eu toutefois la précaution d'y jeter *White* avant moi.

White, plus habitué que moi au rôle de plongeur, avait en quelques minutes repris ses sens et même sa gaieté ; il gambadait autour de moi, me léchait les mains, me parlait sa langue avec ses yeux, avec sa voix, et me prouvait, par tous les moyens dont un chien intelligent dispose, sa vive et bruyante reconnaissance. Celle-là, du moins, n'était pas équivoque.

XI

La barque que montait Dundas et ses compagnons avait d'abord pris les devants ; nous avions même entendu quelques coups de fusil dans l'éloignement. C'étaient des oiseaux aquatiques que nos chasseurs avaient sans doute fait lever.

Dundas avait donc complétement ignoré l'incident que je viens de raconter ; mais, fort heureusement pour moi, le ciel vint à mon aide. J'ai dit que depuis notre départ de l'auberge, le beau soleil du matin s'était caché derrière d'épais nuages, annonçant une tempête prochaine, car le vent soufflait avec violence. On avait même hésité à s'embarquer ; mais les Au-

glais sont téméraires et aventureux, la menace de l'orage, loin
de les décourager, leur offrait un épisode de plus à ajouter
aux péripéties du voyage.

Les pressentiments de mistress Stanley, peureuse comme
une vieille femme, ne tardèrent pas à se réaliser. Le lac fut
d'abord sillonné d'éclairs : c'était un spectacle imposant, surtout lorsque le tonnerre, jetant sa grande voix dans ce gouffre
de feu, produisait, dans les échos des hautes futaies qui nous
abritaient de l'autre côté, un orchestre majestueux et so-
lennel.

Plus émue qu'épouvantée de ces convulsions de la nature,
miss Regina s'était involontairement mise sous ma protection,
et gardait un silence qui était plutôt du recueillement que de
la peur... Je soutenais sa taille dans la crainte qu'une rafale
ne la renversât ; car notre barque était violemment soulevée
par les flots, et était continuellement jetée tantôt d'un côté,
tantôt de l'autre.

Nous ne tardâmes pas à apercevoir nos amis faisant force de
rames vers nous. Après nous avoir rejoints, ils nous exprimèrent
l'inquiétude que nous leur avions causée, lorsque, nous appe-
lant à diverses reprises, ils n'avaient obtenu aucune réponse.

Ce n'était ni le lieu ni le moment de se livrer à de longs
récits ; on se contenta de leur dire qu'il ne nous était arrivé
aucun accident, et nous prîmes immédiatement la direction qui
devait nous ramener à l'entrée du lac.

Mais, quelque diligence que l'on fît, nous ne pûmes éviter
l'averse qui suit presque toujours un orage. En effet, l'eau
tomba d'abord en lourdes gouttes, puis le nuage creva tout à
fait, et nous inonda en un instant. Je n'avais pas pour mon
compte à redouter ce surcroît d'agréments ; mais nous n'avions
pas de pompes, et nos barques s'emplissaient... Les petits
pieds de ma voisine baignaient dans l'eau ; là, je commençai à
craindre pour la caravane le sort de *White* et de *Black*. Je
l'aurais bien désiré pour Harris et Dudley. Leur étoile voulut
qu'il n'en fût pas ainsi ; nos rameurs étaient vigoureux, ils
connaissaient toutes les sinuosités du lac. Ils prirent le chemin
le plus court, et nous abordâmes sans accident nouveau.

Nous trouvâmes les voitures qui nous avaient amenés : nous
y montâmes, tous mouillés au même degré à peu près. Je n'é-

tais plus une exception. Le trajet fut rapide ; nos chevaux nous emportaient plutôt qu'ils ne nous traînaient. Les chevaux anglais excellent par la vitesse ; rarement ils ont mauvaise tête : c'est une des qualités du sang généreux qui les distingue. Aussi ont-ils acquis une supériorité telle que les peuples même les plus jaloux des produits de leur sol ne songent pas à la leur disputer, mais bien à l'imiter par tous les moyens en leur pouvoir. La plupart, il faut le dire, ne font que ressaisir les conquêtes dont les Anglais, les premiers de l'univers pour s'approprier le bien d'autrui, ont su enrichir leur pays à une époque où la lumière pénétrait déjà chez eux, quand les autres nations étaient encore plongées dans l'ignorance et l'inintelligence des besoins de l'avenir.

Une courte distance nous séparait du lieu de notre destination. Durant cette course, peu de paroles furent échangées ; cependant comme Dudley occupait la voiture où se trouvait miss Regina, il crut devoir prendre sa revanche, et, s'efforçant de dérider son front assez soucieux, il apostropha la jeune fille en termes très-courtois, et lui dit :

« Qu'avez-vous donc ? mademoiselle, vous paraissez triste ; êtes-vous souffrante ? avez-vous froid ? Que puis-je faire pour vous être agréable et ramener la joie sur votre charmant visage ? Voyons, convenez que notre promenade aquatique n'a pas été infructueuse pour moi ; c'est, en effet, le plus heureux coup de filet... 100 livres sterling que m'a gagné *Black*. J'en suis fâché pour sir Harris ; mais il avait tort de se montrer si sûr de la victoire, et s'il n'eût pas été vaincu, je lui pardonnerais difficilement la vivacité de ses expressions. »

Pendant ce discours, sir Harris faisait une grimace épouvantable, et murmurait des mots dont le son ne parvint pas jusqu'à nous.

Dudley reprit :

« Eh bien, mademoiselle, cette somme, savez-vous quel usage j'en ferai ? Je la destine à vous acheter à Londres une parure digne de vous ! »

Quoique miss Regina n'eût pas répondu à cette galante provocation, elle éprouva une secousse dont je m'aperçus, et eut un de ces mouvements nerveux qui indiquent à la fois la répugnance et la domination de celui qui l'inspire.

Je ne fus pourtant que médiocrement flatté de cette révélation et de la hardiesse de ces paroles, qui, pour moi, étaient la traduction d'engagements antérieurs pris, soit avec le frère, soit avec la sœur, et cette découverte me frappa d'une manière d'autant plus pénible que je connaissais toute la valeur qu'on donne en Angleterre à ce genre de promesse.

XII

Il faut dire, à la gloire de mistress Stanley, que rien n'avait été négligé pour notre réception au retour. Elle avait converti son hôtellerie en une véritable infirmerie. Des lits étaient dressés dans toutes les pièces, et des lits où le linge l'aurait disputé en blancheur, en éclat, à la neige elle-même. De grands feux de charbon de terre brûlaient dans tous les foyers. Nous eûmes une magnifique entrée, et je déclare que ces précautions hygiéniques ne me semblèrent pas superflues. Nous nous hâtâmes donc, sous la conduite de notre hôtesse, de gagner nos chambres respectives ; et, une heure après, nous étions tous réunis au parloir, frais, dispos, et munis d'un appétit convenable, pour faire honneur au souper.

Mon premier soin fut d'aller visiter mon chien, de lui assurer un logement, et de lui faire administrer un cordial nécessaire à la réparation de ses forces. En me voyant, il bondit de joie, me fit mille gentillesses, mille caresses, et nous nous quittâmes les meilleurs amis du monde.

Je retrouvai la société au complet ; les hommes discutaient, les dames se chauffaient ; car on se chauffe quelquefois au mois d'août en Angleterre, où le matin diffère si essentiellement du soir. L'objet de la délibération de ces messieurs était de savoir si on passerait la nuit à l'auberge du Bel-Air, ou si on retournerait à Bamton. Les avis étaient divisés au moment où je me présentai ; je fus consulté, mais je me récusai en disant que, puisqu'il y avait partage des opinions, il me paraissait convenable de lever la difficulté en soumettant la question en litige à l'appréciation et à la décision des dames. J'obtins cette fois un triomphe de bon aloi ; tous acclamèrent à ma proposition.

Les dames jugèrent qu'elles se trouvaient à merveille dans l'hôtellerie ; que mistress Stanley s'était donné trop de peine pour qu'on lui fît l'injure de quitter brusquement sa maison ; que d'ailleurs nous devions chasser le lendemain, et que nous serions ainsi tout rendus sur la lande.

Ces raisons parurent généralement concluantes, et, lorsqu'on annonça à l'hôtesse que nous coucherions, elle nous aurait volontiers embrassés tous, tant elle était joyeuse. C'était pour elle, qui vivait, en raison de ses habitudes verbeuses, dans un isolement absolu, la perspective d'une longue soirée employée à raconter ses histoires, celles de ses voisins, voire même celles de son imagination, à ces bonnes et charmantes demoiselles qu'elle aimait tant, parce qu'elles se faisaient crédules pour lui plaire ; et enfin un petit calcul, où l'intérêt de la ménagère n'était pas étranger.

La bonne hôtesse nous annonça, après avoir épuisé toutes les formules de son dictionnaire familier, que nous allions être servis à l'instant ; que son mari, qui remplissait les fonctions de chef, n'attendait qu'elle pour dresser les mets.

Vous comprenez qu'alors elle fut promptement congédiée ; car on préférait de beaucoup les coqs de bruyère bien dodus et bien rôtis au caquetage de cette brave femme, tout accorte et toute sémillante qu'elle fût.

Le souper ne différait du repas du matin que par la plus grande variété de gibier qui fut servi. Les événements de l'*afternoon* (après-midi) firent le sujet de la conversation. Cette fois encore, on décocha contre moi mille formules élogieuses. Je ne me dissimulais pas qu'il se glissait un peu d'ironie dans cet encens, surtout de la part des champions que j'avais tant soit peu humiliés ; mais, en général, les règles des convenances les plus rigoureuses furent observées, et j'eus le bon esprit d'accepter ces éloges comme franche monnaie, tout en avouant que je n'y avais aucun droit, n'ayant suivi en cela que les inspirations de la pitié. Dundas me vint affectueusement en aide, et profita gracieusement de cette occasion pour mettre en relief le caractère français, plus porté, selon lui, à la générosité que celui de sa nation. Miss Nelly se joignit à son frère, et je fus fêté et choyé, comme si j'avais accompli une action d'éclat, tant il est vrai de dire que, dans le cours ordinaire des choses, les riens, c'est le mot, prennent souvent des proportions gigantesques.

Miss Regina fut silencieuse et pensive pendant tout le repas. Quand on apporta les flacons, elle se retira lentement avec sa sœur, nous souhaitant à tous le *good night*, attendu qu'elles étaient fatiguées et allaient se mettre au lit.

XIII

L'heure était déjà avancée ; on devait se lever de grand matin le lendemain : aussi fit-on courtes rasades, et peu de temps après le départ de ces dames, Dudley sonna les domestiques et demanda les flambeaux.

Mistress Stanley nous accompagna jusqu'à nos chambres, et bientôt tout dormait dans l'auberge du Bel-Air, ou était supposé dormir.

La pièce que j'occupais était située à l'extrémité de la maison, et se trouvait séparée des autres appartements par un petit escalier supérieur qui y aboutissait. Elle était simple, mais d'une remarquable propreté. La porte n'avait pas de serrure ; un loquet ou clanche, comme on voudra, tenait lieu de fermeture. Je me déshabillai à la hâte et me couchai.

Cependant les émotions de la journée m'avaient agité à un tel point, que, bien que ma bougie fût éteinte, le sommeil me fuyait. Ma tête brûlait, je ne pouvais trouver le repos : j'eus recours au meilleur spécifique que je connaisse pour abréger les longues heures de la nuit. J'ouvris ma fenêtre, qui avait vue sur le jardin. Le ciel s'était éclairci ; aux sombres vapeurs de l'orage avait succédé un magnifique clair de lune qui inondait ma chambre de ses pâles et doux rayons. Je me mis donc à contempler de mon lit ce beau spectacle, et à rêver *tout éveillé*. J'avais d'ailleurs la pensée si pleine, si bien meublée, qu'en ménageant ma provision, j'étais sûr d'atteindre l'aube sans ennui.

Vers deux heures, — car j'entendais régulièrement sonner la grosse horloge de mistress Stanley, — je fus distrait de mes songes par un bruit vague, par un craquement des marches de l'escalier, qui semblait me révéler la présence de quelqu'un. En effet, on montait les gradins; puis des pas distincts, quoique moelleux, firent résonner le palier de ma chambre. Je me soulevai à demi, et, prêtant une oreille attentive, j'attendis tranquillement l'issue de cette étrange promenade nocturne. Je saisis comme le frôlement d'une main qui tâte dans l'ombre et cherche l'ouverture d'une porte. Enfin, le loquet remua, puis cria faiblement, et bientôt se détacha de son anche. La porte, d'abord entre-bâillée, roula sur elle-même, et je vis pénétrer silencieusement une forme blanche d'abord, qui parut hésiter un moment, puis avança jusqu'au milieu de ma chambre. C'était miss Regina... miss Regina... qui était somnambule. Elle était vêtue d'un long peignoir blanc, ses pieds nus étaient emprisonnés dans de petites pantoufles vertes; ses longs cheveux noirs, dénoués par derrière, pendaient jusqu'à sa taille; ses traits purs avaient l'expression divine de la madone. Elle s'arrêta...

Cette apparition me troubla tellement, que je frottai mes yeux à plusieurs reprises, pour m'assurer que je voyais bien et que je n'étais pas le jouet d'une vision. Ma respiration était suspendue à ma gorge, mon sang bouillonnait dans mes veines; je me cramponnais à mes draps, de peur de faire un mouvement qui la réveillât. Immobile et fixe, je contemplais cet ange qui m'apportait sans doute un message d'en haut.

Peu à peu son corps s'affaissa... ses mains se joignirent, elle s'agenouilla sur le tapis, et, d'une voix dont les notes harmonieuses resteront éternellement gravées dans ma mémoire, elle fit cette courte prière :

« O mon Dieu ! pardonnez-moi, car je suis bien coupable. J'ai peur d'aimer cet homme, cet étranger qui ne sera jamais mon époux. Oh ! oui, je sens en moi un pouvoir surnaturel qui m'attire vers lui. Mon Dieu ! faites qu'il n'en soit pas ainsi; ôtez-moi cet amour, car vous le savez, ô vous qui avez toute la science, un serment me lie Mon frère a donné sa parole, et mon frère mourrait plutôt que d'y manquer. Puis, il est catholique, lui! et moi... je suis protestante. Une union entre catholique et protestant est impossible dans notre famille, mon père l'a voulu ainsi. Mon Dieu, protégez-moi ; je suis bien malheureuse! »

J'éprouvais le supplice de Tantale. J'aurais donné ma vie pour pouvoir franchir la distance qui me séparait de cette femme, me précipiter à ses genoux, et la conjurer de rétracter ces paroles cruelles qui me ravissaient un pareil trésor. J'étais cloué à ma place par la grandeur même de la situation, par ce mortel ennemi de la passion vraie, ce monstre inventé par les hommes et qu'on appelle — convenances. J'attendis.

Miss Regina se releva, s'approcha de la fenêtre qui lui apportait un air frais et doux dont elle semblait avoir besoin, puis se pencha en dehors, comme pour saisir un objet qui lui échappait. Cette fois, je fus épouvanté. Jamais perplexité ne fut plus terrifiante. Que faire? Si elle tombait? si elle se tuait? C'était plus qu'une douleur pour cette pure et rigide famille; c'était un scandale... et il m'était moralement impossible de l'avertir, de lui porter secours. En une minute je ressentis toutes les angoisses les plus cruelles de l'amour perdu, de la peur, cette peur de l'homme de courage, d'un avenir brisé à cause de moi, d'une existence adorée s'éteignant sous mes yeux. Et rien, rien pour la sauver, pas même un mot... J'étouffais de rage et de désespoir.

Si cette anxiété avait duré cinq minutes, je serais mort d'asphyxie, car je ne sache pas qu'il y ait une souffrance égale à celle que je décris.

Par miracle, nous fûmes sauvés tous les deux. Miss Regina quitta insensiblement cette attitude périlleuse, et, après avoir promené ses regards incertains autour d'elle, reprit la direction de la porte, qu'elle referma avec précaution, puis s'éloigna.

Je comptais ses pas, qui m'arrivaient aussi distincts dans le lointain que lorsqu'elle était près de moi. J'entendis ouvrir et fermer une seconde porte; je jugeai qu'elle était rentrée dans son appartement. Alors je fus plus tranquille, je me retrouvai face à face avec moi-même, seul dans cette atmosphère encore tiède de l'haleine de cette jeune fille, dont un absurde préjugé allait faire une victime.

La vérité m'était dévoilée. Elle était fiancée à ce Dudley que je haïssais instinctivement, et son frère si bon, si humain, n'hésiterait pas à la sacrifier aux exigences de son honneur.

Je passai le reste de la nuit à prendre un parti, à me tracer un plan de conduite. Possesseur du secret de cette jeune fille, j'aurais rougi de m'en servir pour abuser d'un penchant dont les conséquences pouvaient nous devenir fatales à tous deux. Je n'avais d'ailleurs aucun espoir de vaincre la résistance de mon ami. Le départ, un départ immédiat, sous n'importe quel prétexte, était mon seul refuge. Je l'adoptai, et dès lors je ne m'occupai que des moyens de l'exécuter.

XIV

Le matin, dès que les cors sonnèrent le lever, je m'habillai en toute hâte, et après avoir emballé mes effets, je descendis au parloir, où étaient déjà réunis les chasseurs, entre autres Horace Dundas. En ne me voyant pas en costume de chasse, on m'en demanda la cause. Alors, m'adressant à mon ami, je lui dis que j'aurais cru manquer aux devoirs de l'amitié qui nous liait, si je ne m'étais pas rendu à son invitation, mais qu'il m'était impossible de séjourner plus longtemps en Angleterre, qu'un jour de plus nuirait à mes intérêts les plus chers, que mon oncle, le général D..., venait d'être appelé par le gouvernement de France à un commandement en Algérie, qu'il m'avait fait promettre de l'accompagner, s'il acceptait du service sous la République, et que si je n'étais pas exact au rendez-vous assigné, il ne me pardonnerait pas ce manque d'égards, ce que je devais éviter à tout prix, attendu qu'il n'avait pas d'enfants, et que j'étais son seul héritier.

« Mais pourquoi, me répondit Dundas, ne nous avez-vous pas annoncé cette résolution hier?

— J'avoue que j'aurais pu le faire ; mais je me trouvais si bien parmi vous, messieurs, que depuis mon séjour à Bamton je ne me souvenais plus des dates. Ce n'est qu'en relisant, avant de me coucher, la dernière lettre de mon oncle, que j'ai

5

calculé qu'il ne me restait pas une heure à perdre, si je voulais
le trouver encore à Paris. »

En Angleterre, on vous reçoit avec plaisir, avec expansion
même; mais, dès que vous émettez l'intention de vous éloigner,
on n'use jamais, pour vous retenir, de ces phrases banalement
polies, quelquefois menteuses, dont on fait chez nous un trop
fréquent emploi.

Dundas me serra la main, en m'exprimant tout le chagrin
qu'il éprouvait de mon départ précipité; mais, ne doutant pas
de la véracité de mes motifs, il n'insista pas et ordonna à son
domestique de faire atteler sa voiture, qui me conduirait à la
première station du chemin de fer, distant d'environ douze
milles du lieu où nous étions.

Je le remerciai de cette prévenance et le priai d'être mon
interprète auprès de ses sœurs, pour leur offrir mes hommages
respectueux, et leur faire agréer mes regrets de n'avoir pu,
moi-même, leur adresser mes adieux.

Ensuite, tous ces messieurs, amis et rivaux, échangè-
rent une poignée de main avec moi, et le cor s'étant fait entendre une seconde fois, ils se disposèrent à recommencer la
chasse.

Je payai largement les gens qui m'avaient servi, et ne pouvant échapper à une tasse de thé *bien sucrée* que mistress
Stanley, *instruite* de mon départ, m'avait préparée elle-même,
je l'avalai d'un trait, au risque de me brûler le palais ; puis
j'allai au chenil où je trouvai White tout seul et très-impa-
tient, car son maître avait eu la délicatesse de le faire détacher
des autres chiens. Celui-là, avait-il dit, ne lui appartenait
plus. Je le fis monter avec moi dans la voiture, qui était
prête depuis longtemps, et m'attendait sur le seuil de l'auberge.

Les chevaux partirent. Je ne pus m'empêcher de mettre la
tête à la portière pour saluer une dernière fois cette place où
je laissais tant de souvenirs; j'aperçus un coin de rideau qui
se soulevait à l'une des chambres du premier étage, puis une
silhouette qui se détachait : ce ne pouvait être que miss Regina
ou sa sœur, puisqu'elles avaient déclaré la veille qu'elles n'ac-
compagneraient pas la chasse. Mon cœur, mon cœur seul me
dit que c'était la première, car je n'eus pas le temps de con-

stater le fait. Les chevaux sont rapides, je l'ai dit, mais, dans cette circonstance, je leur aurais peut-être désiré moins de vitesse !

XV

J'étais arrivé à Londres si rapidement que j'avais à peine eu le temps de calculer la distance parcourue depuis l'auberge du Bel-Air.

Rendu à la vie réelle, je recueillis mes souvenirs. En ce moment, je compris qu'un homme, si fort qu'il soit, peut pleurer. Pendant tout le trajet de Bamton à Londres, le vent, qui me frappait violemment au visage (j'avais choisi avec intention une place de banquette), avait séché les larmes qui noyaient mes yeux ; seul, je leur donnai un libre cours. Oh ! c'est que l'amour que je fuyais grandissait à mesure que je m'éloignais, c'est que la passion atteignait son paroxysme, et que pleurer fait tant de bien dans les crises solennelles de la vie.

J'avais hâte de quitter l'Angleterre et les Anglais, tout ce qui parlait à mes souvenirs. Et pourtant, à moins de passer pour un homme étranger aux usages, je ne pouvais m'éloigner sans laisser derrière moi, dans les maisons où j'avais été accueilli, le *farewell* (1) de rigueur.

Je me composai une toilette et une mine de circonstance, et me confiant aux soins d'un cocher de place, je me fis conduire dans les maisons de la ville où ma présence était exigée. Le soir (Londres est si grand !) j'avais terminé cette corvée, impôt tyrannique que prélève le monde sur les plaisirs vrais ou faux qu'il procure.

Le lendemain j'entrais à Boulogne, et quelques heures plus tard à Paris... Paris, cette ville par excellence de l'insouciance et de la gaieté ! Paris, que l'on quitte toujours à regret et que l'on retrouve sans cesse avec bonheur !

Pourquoi me parut-il cette fois si sombre et si morne ? Pour-

---

(1) Le mot anglais *farewell* répond au P P C français

quoi mon petit logement de la rue Blanche, si coquettement arrangé la veille par moi, me devenait-il insupportable ? C'est que la solitude, qui se peuple de mille fantômes riants, de séduisantes promesses d'avenir et de tout un monde d'illusions, quand le cœur espère et attend, se change en un cruel supplice, en désenchantements amers, le jour où la réalité vient dissiper ces rêves !...

Je sentis autour de moi un vide immense ; tout m'était odieux ; prolonger cette situation me semblait impossible : il n'y avait de remède que le mouvement, l'activité, le bruit.

Le récit que j'avais fait à Dundas était vrai ; mon oncle, le général D***, venait en effet de partir pour l'Afrique, où je savais que ma présence lui causerait une agréable surprise ; seulement, l'excellent homme avait pour mes goûts d'indépendance une telle indulgence, qu'il n'eût jamais exigé de moi le sacrifice de mes habitudes et de ma liberté. Il me témoignait de l'amitié, me grondait quelquefois avec une bienveillance toute paternelle sur ma lenteur à prendre un état ; il eût rougi d'exercer sur ma volonté la pression de son âge et de son autorité.

C'était donc pour moi un ami plutôt qu'un mentor. Jeune par le cœur et par l'esprit, doué d'une humeur charmante, mon oncle fixa naturellement mes incertitudes. J'éprouvai un mouvement de vrai bonheur à l'idée que lui peut-être comprendrait l'étrange incident qui venait d'assombrir ma vie, et qu'à l'aide de sa franchise de soldat, de son caractère accessible aux sentiments les plus affectueux, il m'offrirait des consolations que j'étais sûr de ne pas rencontrer dans les rangs de cette jeunesse frivole qui gaspille son temps et son avenir aux rayons du soleil des boulevards ou des lustres de l'Opéra.

Je pris tout juste le temps nécessaire au repos dont j'avais besoin ; puis je me rendis chez mon banquier, qui, à ma demande, me remit une lettre de crédit sur les places étrangères, et, sans que personne autre que mon concierge eût connaissance de mon retour et de mon nouveau départ, je me dirigeai sur Marseille.

Trois jours après j'étais à bord d'un beau navire, faisant voile pour l'Algérie.

De Marseille à Alger, la traversée fut belle et heureuse. Le vent soufflait à l'arrière. La mer était calme ; un doux zéphyr caressait l'air, et cette première étape vers la guérison que je cherchais me causa, comme malgré moi, des sensations inconnues. On berce les enfants pour les endormir ; les molles ondulations de la mer opèrent sur l'homme cette influence magnétique. Ce long sommeil de l'âme ne fut troublé que par ce cri du marin qui résonne toujours harmonieusement aux oreilles du voyageur : Terre !... terre !

Nous faisions en ce moment notre entrée dans le port d'Alger !

La ville d'Alger offre un magnifique aspect ; de la rade on l'aperçoit, s'élevant sur d'immenses gradins, échelonnant ses bâtisses variées qui forment un magique panorama.

Singulier mélange des vieilles coutumes mauresques et des merveilles de l'industrie européenne. Alger a une double physionomie, française et africaine, dont le contraste charme l'esprit en même temps qu'il sait l'étonner.

A côté de la petite maison basse, à la cour intérieure, qui ne laisse pas ouverte sur la voie publique une seule croisée où pourrait plonger l'œil indiscret, s'élancent les cinq étages, chef-d'œuvre de quelque architecte marseillais, s'étalent les boutiques où l'on débite les milles fantaisies que produit l'industrie parisienne.

Le Coulougli coiffé de son turban, le Kabile drapé dans son haïk, coudoient le citadin en habit noir et le soldat qui oppose aux brûlants rayons du soleil la visière retroussée du képi traditionnel.

Étrange fusion que l'on remarque aussi bien dans les mœurs, et dans les habitudes, que dans les coutumes extérieures.

Je ne pus cependant étudier à l'aise cette ville curieuse ; mon oncle, que je tenais à rejoindre sans retard, n'était plus à Alger ; un ordre du gouverneur général l'avait envoyé dans l'intérieur. Je n'avais aucune raison d'adopter pour but de mes excursions un endroit plutôt qu'un autre, et, après m'être fait délivrer un sauf-conduit, j'engageai à mon service un jeune Arabe qui connaissait le pays, puis je me mis résolûment en route pour ces parages, moins connus des voyageurs, et plus en rapport avec mes dispositions d'esprit.

XVI

L'armée — m'avait-on dit — était campée sur les terres de Djebel-Ammour, c'est-à-dire à quatre-vingt-cinq lieues environ d'Alger. Mais j'avais chance, en raison des continuelles évolutions auxquelles l'assujettissaient les ruses et les contre-marches de l'ennemi, d'en rencontrer des détachements sur les points principaux où je pourrais séjourner.

Ainsi donc, placé à la fois sous la protection des soldats français et d'Allah, le prophète des mécréants, je m'aventurai dans une série d'incidents et de pérégrinations bizarres dont je ne pouvais prévoir l'issue. Ce jeu du hasard séduisait mon imagination malade.

Les chevaux sont rares à Alger. J'eus beaucoup de peine à m'en procurer deux de chétive apparence, quoique de sang arabe, mais qui n'étaient dépourvus ni de vigueur ni de distinction.

Suivi de mon nègre et de White, je pris la route de Blidah. Au delà de cette bourgade, d'un style mauresque très-prononcé, je traversai à gué le torrent de la Chiffa, et, le lendemain soir, nous arrivâmes à Medeah, ancienne capitale de la province de Tittery, où je m'arrêtai quelques jours afin de voir mon oncle à qui j'avais écrit, en lui traçant mon itinéraire.

Ce n'est qu'en quittant cette dernière ville que mon voyage prit un caractère particulier. Jusque-là j'avais trouvé des gîtes et des auberges ; mais, à partir de ce point, plus de villages, plus d'hôtelleries, plus de routes ; quelques postes militaires çà et là, quelques douars d'Arabes pasteurs, des gourbis disséminés à de rares intervalles, des ravins profonds, des bouquets de palmiers et quelques maigres filets d'eau.

Je cheminais au milieu de ce pays pittoresque, tantôt recevant — grâce à mon sauf-conduit — l'hospitalité des caïds, tantôt choisissant près d'une source mon bivouac pour la nuit. Je me nourrissais le plus souvent de figues, d'oranges et de dattes que mon nègre rapinait. Ces provisions n'étaient guère du goût de White, qui, lui aussi, maraudait, et m'apportait de

jeunes perdreaux, et parfois un lièvre imprudent qu'il avait
pris.

Enfin je parvins, sans accident, au douar de Mustapha-Ben
Saïd, cheik d'une des tribus berbères du Djebel. Le vieux mu-
sulman, après avoir examiné le *firman* du bureau arabe, me
prodigua les expressions de son dévouement, avec une exagé-
ration tout orientale, et mit à ma disposition une grande hutte
de terre, dépendante de celle qu'il habitait.

Ce village était ma dernière halte : je m'installai du mieux
que je pus, et après avoir pris congé de mon hôte, à qui j'ex-
primai mon désir d'explorer les environs seul et en pleine
liberté, je préparai mes armes, mis en ordre toutes mes munitions de chasse, et, ce travail achevé, j'essayai de goûter quelques heures de repos.

La lumière était à peine éteinte que je fus assailli par une
armée d'insectes qui me donnèrent un cauchemar affreux et
me tinrent éveillé toute la nuit.

Irrité de la persécution de ces animaux que je ne veux pas
nommer, je me levai à trois heures du matin, j'appelai mon
nègre Ali qui ronflait, et mon chien qui faisait sentinelle à la
porte extérieure, puis, à la naissance d'un jour douteux, nous
partîmes au vent, comme on dit en termes de chasseurs.

C'était la première fois que mon attention se fixait sur une
des plus belles scènes de la nature en Afrique.

Les nuits fraîches et transparentes se dégagent, à cette heure
solennelle, de leur voile d'un bleu foncé, parsemé d'étoiles,
pour faire place à des teintes inconnues qui échappent à la
description.

L'ombre de l'Atlas, qui se projette au loin, retient longtemps les rayons du soleil, ce qui prolonge le crépuscule et lui
imprime un cachet de grandeur propre à cette partie du
monde. Peu d'hommes ont remarqué ces nuances harmonieuses, transition éloquente, mystère sublime, où tout murmure
la prière.

La vie est partout, dans l'air, parmi les oiseaux et les hommes. La nature seule est endormie.

En un mot, c'est le crépuscule participant bien plus du jour
que de la nuit, moins la lumière. Le ciel est éclairé, la terre
ne l'est pas.

La plaine était couverte d'Arabes nomades qui ne faisaient pas de quartier. Plusieurs meurtres avaient été commis depuis quelques jours. C'était un aliment de plus à ma curiosité impatiente.

Je marchais vite, franchissant d'immenses rochers couverts de hautes bruyères et de palmiers nains, faisant fuir devant moi d'énormes rats de l'Atlas, et des compagnies de porcs-épics, animaux dont l'armure défie même la gueule du lion, et qu'on ne peut atteindre qu'en les frappant au *défaut de la cuirasse*, c'est-à-dire par derrière. Je m'amusai à les poursuivre dans les palmiers nains où ils se retranchaient, et j'en tuai un, que je laissai sur place, bien à regret, car leur chair est, dit-on, un mets délicieux.

Bientôt le soleil inonda la plaine, et j'avançais toujours, sans trop m'orienter, laissant à la sagacité de mon nègre le soin de me guider au retour.

Comme je parcourais du regard les immenses horizons de la plaine, j'aperçus de loin un Arabe qui, son long fusil sur l'épaule, poussait une charrue. J'allai vers lui, et lui fis entendre par des gestes que mes intentions n'avaient rien d'hostile. Il me comprit, et devinant à mon équipement que je n'en voulais qu'au gibier de la plaine, il m'indiqua du doigt plusieurs points où je pourrais en trouver. Je me dirigeai de ce côté. A quelque distance de là je découvris un groupe d'habitations; mon chien, qui me précédait, avait donné l'éveil, et aussitôt un affreux vacarme, produit par les aboiements répétés des chiens de garde, m'avertit que j'approchais d'une tribu.

Les femmes et les enfants sortirent, les uns épouvantés, les autres me regardant venir avec audace. Je hâtai le pas, un peu troublé par leur attitude menaçante, mais résolu à affronter tous les obstacles pour pénétrer dans cette enceinte dont on me défendait l'entrée.

J'étais d'ailleurs rassuré par le respect religieux que les Arabes professent pour l'hospitalité. Je franchis donc les lignes, et mis le pied dans la première maison qui m'apparut.

A ma vue, les femmes se retirèrent; c'est l'usage. Je me croyais seul, et j'allais sortir, lorsqu'une voix partant de l'angle d'une pièce longue et étroite, à peine éclairée, me révéla la présence d'un homme. C'était un vieillard, fumant tranquillement, accroupi sur une natte en jonc, seul meuble qui ornât l'appartement.

A mon approche, il se leva, et, après les salutations d'usage, et une pantomime assez comique pour motiver mon entrée dans sa tribu, je lui demandai à boire... toujours par le même procédé; je l'avais sans doute convaincu de mes intentions toutes pacifiques..., car il s'empressa de m'offrir une gamelle de bois remplie d'un lait de chamelle sur et caillé (1). Puis il m'invita très-gracieusement à m'asseoir à ses côtés, c'est-à-dire à m'étendre sur la natte commune à sa famille, et me présenta une pipe que j'acceptai.

Ces préliminaires accomplis, un entretien muet de ma part, mais très-bruyant de la sienne, s'engagea entre nous. Je compris qu'il se nommait Ben-Ourbi. Il ne fut fait aucune allusion aux hostilités qui régnaient entre nos deux nations. De mon côté, je me renfermai dans mon double caractère de chasseur et de naturaliste.

Cependant des voix féminines qui parvenaient à mes oreilles, attiraient vivement mon attention. J'étais distrait. Ben-Ourbi s'en aperçut, et appela une de ses femmes. Cette femme se fit un peu prier pour paraître devant un chrétien, mais, sur un nouvel ordre du maître, elle se décida.

Sherifa, c'était son nom, avait à peine seize ans, quoiqu'elle fût déjà mère de deux enfants. Elle était brune, ses longs yeux noirs, bordés de paupières ressemblant à de somptueuses franges de velours, éclairaient un teint légèrement bistré. Elle avait tout le caractère de la beauté arabe. L'élégance des formes, la magnifique attache du cou, la rondeur fine des épaules et des extrémités du bras, tout cet ensemble était ténu, petit, délié, et avait (que les dames françaises me pardonnent la comparaison) une singulière affinité avec la distinction du cheval pur sang arabe. Si vous ajoutez à ces détails une jambe d'une perfection idéale et que décoraient modestement de forts bracelets en fer poli, vous aurez alors le type

____

(1) Les Arabes de l'extérieur affectionnent particulièrement cette boisson, aussi saine que rafraîchissante, et qui donnerait des nausées au Parisien le plus endurci.

complet de ce que devait être la Vénus de Milo à l'âge de quatorze ans.

L'imagination du statuaire et du poëte se serait exaltée devant cette beauté qui paraissait s'ignorer elle-même. Mais quelle part se serait faite l'homme au cœur impressionnable à l'aspect de ces formes d'un modèle si pur et d'une hardiesse si chaste, tant la gaze transparente qui voilait ses nudités avait d'attrait et de puissance mystérieuse! En effet, cette jeune femme était à peine vêtue, un long bandeau de mousseline blanche s'enroulait autour de son corps, et laissait à découvert les plus admirables contours.

Sherifa s'avança timidement, ses pieds nus effleuraient à peine la natte; sa démarche était lente et assez disgracieuse en apparence; mais l'ondulation de ses mouvements ajoutait un charme infini même à ce qu'il y avait de moins parfait en elle.

A un signe du chef, elle me tendit sa jolie main, une main d'enfant tenant à un bras d'enfant. Je contemplai longtemps cette fille du désert, qui, à son insu, versait un baume inconnu sur mes blessures... J'éprouvai un instant de bonheur et d'oubli... Enfin je repris assez d'empire sur moi pour m'arracher à cette illusion mensongère, et je laissai tomber cette main qui était restée dans la mienne...

« Adieu, dis-je en français à mon hôte, je vous remercie de votre bon accueil. » Mais, comme je me disposais à me retirer, l'Arabe me retint... et me sollicita du regard de partager le repas de la famille...

Il eût été de mauvais goût de refuser... d'ailleurs mon estomac à jeun me conseillait d'accepter.

Je serrai donc la main de Ben-Ourbi, ce qui voulait dire : Je reste.

Deux heures après, par les soins de Sherifa, le repas fut servi; il se composait de riz bouilli, cuit à la vapeur, assaisonné de safran et de raisin, puis d'un énorme mouton qui avait été dépecé devant moi, et qui reparut assaisonné par une négresse de quatorze manières différentes.

Ce repas très-original, mais très-succulent, se prolongea fort avant dans la soirée. Sherifa, plus à l'aise à mesure qu'elle étudiait davantage mes manières franches et respectueuses à son égard, me fit entendre quelques chants arabes qui n'é-

taient dépourvus ni de sentiment ni d'harmonie. Sa voix douce
et lente avait des notes très-heureuses. Je l'applaudis de bon
cœur, et, quand l'heure du coucher fut venue, nous nous sépa-
râmes les meilleurs amis du monde.

Quant au lit, je n'en parlerai pas. On avait suspendu à mon
intention un hamac dans la partie la plus propre de la pièce
principale. Je m'y couchai voluptueusement, tant j'étais fati-
gué, et cette fois je dormis d'un profond sommeil.

XVII

Le lendemain matin je pris congé de mon hôte; mais, à mon
grand désappointement, je ne pus voir la belle Sherifa. J'appris qu'une légère indisposition la retenait dans la chambre
des femmes, et je m'éloignai triste et rêveur de cet asile où, à
cent lieues de toute civilisation, j'avais goûté les joies de la
famille et du bien-être...

Cependant l'air vif du matin dissipa bien vite ces impressions pénibles, et je me dirigeai vers le point d'où j'étais parti
la veille, cherchant mon chemin comme un voyageur égaré,
mon fusil chargé seulement de menu plomb. Mon but était
de tirer des étourneaux, très-abondants en Afrique à cette
époque de l'année, et quelques perroquets gris qui s'y trou-
vent en grand nombre...

J'étais à deux kilomètres environ de la hutte de mon hôte,
lorsque je vis arriver à moi, sans bruit, sans ce vagissement
qui annonce ordinairement sa présence, une hyène gigantesque,
la crinière hérissée, la gueule béante. Elle avançait sur moi,
déjà certaine de sa proie. La fuite était impossible, et cependant mon arme n'était pas chargée pour cet incident imprévu.
White, glacé de terreur, se cramponnait à mes jambes, Ali faisait bonne contenance. Je lui donnai mon poignard, j'attendis
que la bête, que je tenais en joue, fût à portée, et, dès que la
distance me parut convenable, je lui déchargeai mes deux
coups dans la tête ; par bonheur, les coups firent balle, et lui
crevèrent les deux yeux en lui brisant le crâne. La hyène fit

plusieurs bonds, roula trois fois sur elle-même, puis vint tomber lourdement à mes pieds... A ce moment, White, rassuré, se jeta sur elle et la mordit avec rage. Je l'examinai attentivement, c'était une femelle prête à mettre bas, circonstance qui m'expliqua son volume extraordinaire. Il fallait qu'attirée par la faim, elle fût descendue de la montagne dans la plaine, car ces animaux quittent rarement leur repaire.

J'aurais voulu pouvoir la charger sur les épaules d'Ali et l'emporter, mais l'enfant, quoique alerte comme une gazelle et courageux comme un lion, n'était ni de taille ni de force à réaliser mon désir. J'y renonçai, et, livrant mon trophée aux oiseaux carnassiers de la plaine, je poursuivis ma route, cherchant à regagner les camps français ; mon oncle, que j'avais quitté depuis huit jours, était sans doute inquiet de cette absence prolongée.

J'arrivai, après deux ou trois heures de marche, sous un soleil des plus ardents, exténué de lassitude, et mourant de soif, à un petit bois d'orangers touffus et chargés de fleurs, oasis embaumée où je fus pris de ce sommeil indomptable qui laisse le sentiment de l'existence, mais enlève toute apparence de mouvement. Ce sommeil a quelque analogie avec celui que l'on éprouve dans les neiges du pôle.

En Afrique, malheur au voyageur qui cède à son influence. Il y a danger réel ; les Arabes, dont le pays est couvert, considèrent comme de bonne prise un ennemi sans défense ; un Français endormi sur leurs terres risquerait fort de ne pas se réveiller. Je le savais, aussi j'appelai à mon aide toute l'énergie de ma volonté, et je parvins à dégager mon cerveau des vapeurs enivrantes qui l'inondaient en l'étourdissant.

Bientôt des cris de vanneaux me révélèrent la présence d'une source. Je cherchai et découvris en effet, non loin de là, un filet d'eau coulant sur des roches qu'abritaient de magnifiques lauriers-roses de vingt pieds de haut ; à mon approche, je mis en fuite une famille de sangliers de petite espèce qui habitait ces solitudes.

J'étanchai ma soif, et, à la suite de nombreux détours, je gagnai les *Flissah* (1), où j'étais attendu.

---

(1) Tribus qui ont donné leur nom à cette arme meurtrière appelée *Flissi*.

XVIII

Les jours suivants furent employés par moi, tantôt à des excursions de chasse, tantôt à de violents exercices de cheval.

J'avais une prédilection toute spéciale pour les *Beni-Hummer*, chevaux de race, très-estimés en Afrique. Ces animaux se distinguent par une sobriété surprenante, une intelligence, une vigueur et une vitesse sans égale; grands de taille, ils sont généralement d'une maigreur telle, que la peau perce les os, ils ont le cou musculeux et allongé des chevaux anglais, l'œil vif et les narines très-dilatées.

Doués en outre d'une sagacité merveilleuse, ils possèdent au plus haut degré l'instinct de la fidélité; il a été remarqué, dans les scènes de guerre, que le cheval dont le cavalier est démonté, regagne presque toujours la tribu d'où il est parti. Il n'y a pas d'exemple qu'il se réfugie dans les rangs ennemis. Le plus souvent, c'est au retour de cet ami du foyer domestique que la famille apprend la perte du combattant qui le montait.

On m'a raconté, à ce sujet, un fait dont j'ai été frappé et qui donne une idée de l'intelligence surprenante de cet animal, élevé sous la tente de l'Arabe, qui le forme à ses mœurs, à ses habitudes et le considère comme un des siens.

Dans un combat, on a vu un Arabe tomber, mortellement frappé d'une balle. Son cheval alors se retourna, envisageant avec effroi le corps de son maître étendu sans vie, réfléchit un instant, puis le saisit par ses vêtements, prit le galop et rapporta son précieux fardeau à la famille.

. . . .

Mes affections s'étaient presque exclusivement concentrées sur un de ces animaux que m'avait donné un chef de tribu, et que j'étais parvenu sans peine à dresser selon mes caprices, et sur White, dont les talents avaient grandi, et qui s'était acquis à la chasse une réputation méritée.

Pauvre bête! J'étais loin de prévoir qu'elle serait bientôt

victime de son attachement pour moi. Je savais qu'on projetait sur la côte une expédition à laquelle je brûlais d'assister. On devait aller dans des tribus inconnues encore, et soupçonnées de fabriquer de la poudre qui alimentait les hostilités auxquelles l'armée était en butte. J'espérais y trouver des scènes nouvelles et intéressantes. J'obtins du général un ordre d'embarquement, et, au jour fixé, je me rendis à bord.

L'exiguïté de la tartane et le grand nombre de passagers qu'elle contenait, ne me permettaient pas d'emmener White, et d'ailleurs la chasse à laquelle on se livrerait n'était pas de son ressort. Je le confiai aux soins d'Ali.

Mais mon chien, qui semblait comprendre que nous ne devions plus nous revoir, me suivit jusqu'au rivage afin de s'embarquer avec moi. Lui qui m'avait toujours accompagné dans mes courses, insistait si opiniâtrément, que je fus obligé d'employer la violence pour le retenir à terre.

Mon absence ne devait être que de courte durée. White se résigna, s'assit sur le rivage, les yeux tournés vers la barque qui m'emportait.

J'avoue que je ne me rendais pas compte de la douleur dont son regard éloquent était plein. La tartane s'éloigna.

Quinze jours plus tard j'étais de retour... Quel ne fut pas mon désespoir en apprenant que mon chien n'avait pas voulu quitter la place où je l'avais laissé, qu'il avait refusé toute espèce de nourriture et était mort sur le rocher !

Cet événement me plongea durant plusieurs jours dans une profonde mélancolie.

XIX

Cependant les rudes et sévères exercices auxquels je m'étais livré, l'existence presque sauvage que j'avais menée, toutes ces émotions si puissantes avaient fortifié mon âme et doublé mes forces. Je me souvenais encore. une gracieuse image vivait dans mon cœur et habitait mes pensées. Mais cet amour.

dont j'avais tant souffert, s'était transformé en un rêve lointain qui embellissait mes jours et charmait mes nuits.

Mon oncle, que j'allais visiter à de rares intervalles, et qui
s'était plu à suivre et à étudier les phases de ce qu'il appelait
ma romanesque aventure, jugea, un jour que nous étions réunis sous sa tente, que l'effet était sans doute produit, et que
je pouvais sans danger me livrer à des travaux plus sérieux.

« Mon neveu, me dit-il, tu avoueras que j'ai fait preuve
envers toi d'une patience et d'une longanimité presque cheva-
leresques, en acceptant depuis bientôt deux mois le rôle de
confident intime, en écoutant sans murmurer tes doléances
amoureuses ; pour toi, je me suis rajeuni. J'ai voulu être ton
camarade, afin de te consoler plus efficacement ; j'ai réussi, je
m'en applaudis ; mais aujourd'hui la blessure *ne saigne plus*,
je veux donc te tenir un langage qui sied mieux à mon âge et
à mon caractère.

« Ecoute, tu as vingt-sept ans, il est temps de choisir un état.
Les commotions qui ont agité la France tendent à s'apaiser ;
nous allons entrer dans une ère nouvelle. Mon rêve, à moi,
rêve du vieux soldat, refoulé dans mon cœur pendant de si
longues années, semble devoir se réaliser. Le pays tout entier
va se lever, comme un seul homme, pour donner à la mémoire
de mon empereur le témoignage le plus éclatant de sa reconnaissance. Ce nom magique est prononcé, et vois-tu, ce nom,
c'est comme l'électricité, il remue toutes les fibres du corps
social. Je ne connais pas celui qui le porte, mais je sais qu'il
en est digne. L.-N. Bonaparte sera nommé, sois-en bien convaincu, alors mes amis oubliés vont redevenir puissants, et
je pourrai solliciter avec orgueil et obtenir pour toi quelque
poste important. Tes études sont solides, variées, la diploma-
tie t'offre une brillante carrière. J'ai pensé à te faire attacher
à quelque ambassade en Italie, l'Italie, ce premier boulevard
de nos victoires et de notre gloire, et en ce moment le théâtre de discordes civiles.

« Pars donc sans délai : il appartient au fils de mon noble
frère, de mon brave compagnon d'armes pendant les guerres
de l'Empire, de se mêler au triomphe des événements qui se
préparent. »

Trop ému pour répondre à mon oncle, je lui pressai affectueusement la main, et le quittai en lui laissant pour adieu ces seuls mots : « Mon oncle, avant douze jours je serai à Paris. »

Cet entretien qui me prouvait toute la tendresse du général, arrivait à propos. D'ailleurs l'avenir que me promettait sa protection souriait à mes goûts et à mes idées.

De retour chez moi, j'ordonnai à mon nègre Ali, qui m'avait servi pendant mon séjour en Afrique avec un zèle qui l'attachait désormais à ma personne, de veiller à l'emballage de ce que je voulais emporter de ce curieux pays, et de venir me rejoindre à Alger.

Dès mon arrivée dans cette ville, je m'informai du premier bâtiment en partance ; il se trouva qu'un vapeur, à la destination de Toulon, devait appareiller le lendemain. Cet arrangement me convenait, j'arrêtai les places, et, au jour dit, mon nègre ayant été exact au rendez-vous assigné, nous reprîmes la route de France.

XX

Je trouvai à Paris une lettre d'une date déjà ancienne. Elle portait la signature d'Horace Dundas, et était ainsi conçue :

Hampsted, 18 septembre 1848.

« Mon très-cher ami,

« Depuis votre départ de Bamton, de grands changements sont survenus dans notre famille. D'abord j'ai marié ma sœur Regina à William Dudley, qui, vous l'avez sans doute deviné, en était éperdument amoureux, et à qui je l'avais engagée, pour me conformer à l'une des dernières volontés de mon père.

« Cette pauvre sœur, que vous avez vue si gaie, si heureuse lors de notre excursion dans les landes d'Écosse, a été saisie d'un mal subit qui a fait de si rapides progrès, que j'en ai d'abord conçu les plus vives inquiétudes. Jeunesse, beauté, santé, tous ces riches dons de la nature, semblaient se retirer d'elle à vue d'œil. Par tendresse pour cette chère enfant, j'abrégeai mon séjour en Écosse, et retournai à Londres pour consulter nos plus habiles médecins.

« Les ressources de l'art étant impuissantes à guérir cette maladie, dont la cause échappait à la science des hommes, je résolus de la donner à Dudley, qui pensa que seul il pénétrerait le mystère de cette souffrance, et qu'il puiserait dans son amour et ses soins le talisman qui la rendrait à la vie.

« Regina n'opposa aucune résistance aux vœux de Dudley et ils ont été unis le 10 de ce mois, dans la chapelle de famille. Triste union, mon ami ! Ma sœur ressemblait plutôt à une ombre qu'à une belle jeune fille radieuse d'amour, et glorifiée par la bénédiction nuptiale.

« Après la cérémonie, Dudley a emmené sa femme à sa terre de Stratford, dans le pays de Galles. C'est là que va s'écouler, ce que vous appelez en France la lune de miel, chez nous *honey moon*... amère dérision, n'est-ce pas ?

« Nelly et moi, nous n'avons trouvé que des larmes pour adieux. En suivant des regards la voiture qui emportait la moitié de nous-mêmes, nous ne pouvions nous défendre d'un douloureux pressentiment. « Mon frère, m'a-t-elle dit, le front « pâle et les lèvres livides, tu écriras à notre hôte, tu sais, ce « gentilhomme français qui nous a quittés si brusquement à « Bamton ; tu lui annonceras que je suis... mariée ! »

« C'était la première fois qu'elle me parlait de vous, depuis votre *fuite*. Excusez cette expression, mon ami ; j'ignore les subtilités de votre langue. Je puise ma pensée dans la privation des heures que vous ravissiez à notre amitié !

« Aujourd'hui je vous appelle plus que jamais. Votre présence ici serait un tel soulagement à nos angoisses ! Mais, je le comprends, la douleur me rend égoïste. Oui, vous avez d'autres devoirs à remplir en ce moment ; à la saison prochaine, alors ; songez que vous me devez une réparation, et que je compte sur vous pour le 12 août, époque de l'ouverture de la chasse au coq de bruyère.

« Adieu ! vos lettres nous diront que vous n'oubliez pas vos amis d'outre-Manche

« H. DUNDAS. »

J'eus la force de lire jusqu'au bout cette lettre qui était

comme le terme de mes dernières illusions. Au moins Dundas
m'avait épargné, et je lui en savais gré, comme s'il l'eût fait
avec intention ..

Plus d'hésitation, plus de ces muets combats que se livrent
le cœur et la raison. Tout était fini. La femme mariée est, en
Angleterre, sanctifiée par la majesté de son titre. Lady Dudley
avait mis entre miss Regina et moi une distance infranchissable.....

Grâce au ciel ! je sortis victorieux de cette épreuve suprême !...

La politique était la déesse encensée du moment ; je re-
portai sur elle la fièvre qui me dévorait. Elle se montra moins
rigoureuse que le destin, car elle ne trahit pas mes énergiques
efforts.

En effet, la prédiction de mon oncle s'accomplit... Le génie
de Napoléon protégeait encore la France !

XXI

Peu de temps après, on me confiait une mission en Sicile.

J'écrivis à mon oncle pour lui apprendre cette bonne nouvelle, et je m'acheminai vers cette Italie qui, elle aussi, attendait de nous son salut...

En route, je m'arrêtai à Avignon, lieu de résidence d'une
honorable famille alliée à la mienne, et que j'étais bien aise de
visiter en passant.

Je descendis à l'hôtel d'Europe. Le garçon m'installa dans
une chambre assez comfortablement meublée, puis m'invita,
de la part de son maître, à vouloir bien décliner mes nom et
qualités, selon l'usage.

— C'est bien, lui dis-je ; dans une heure je remplirai cette
formalité. Laissez-moi.

— Si monsieur ne veut pas se déranger, répondit le garçon, je vais lui apporter le livre des voyageurs.

— Soit ; j'aime mieux cela.

Il s'inclina, et peu d'instants après il reparut, le livre à la main. Comme je le parcourais vaguement, mes yeux se fixèrent sur un nom... qui me causa d'abord comme une sorte d'éblouissement : c'était celui de sir William et lady Dudley !

— Qu'est-ce? dis-je au garçon, en l'apostrophant d'un air égaré ; que signifie ce nom?

Le garçon se recula de deux pas en jetant sur moi un regard presque effaré; il croyait sans doute avoir affaire à un insensé.

— Ce nom! repris-je avec feu, quel est-il? répondez ; et je le lui montrais du doigt...

— Mais, monsieur, répondit enfin le garçon, en s'avançant timidement pour lire : ce nom est celui d'un milord anglais qui a logé dans cette maison avec sa femme !

— Eh bien! où sont-ils? quelle partie de l'hôtel habitent-ils?

— Dam!... je ne sais pas pourquoi notre maître ne les a pas rayés de son livre... car ils sont partis?

Et le pauvre garçon, en prononçant ces dernières paroles, poussait un long soupir.

— Partis ! et quelle route ont-ils prise ?

— Ah! monsieur, je ne pourrais pas vous dire où milord est allé! Quand à milady... la pauvre chère dame est partie aussi...; mais elle n'est pas loin d'ici..., elle est là-bas, derrière ce rocher à pic, que l'on distingue de cette fenêtre, et auquel est adossé l'ancien palais des papes... Et il me désignait du geste un point de la ville.

— Voyons, mon ami, explique-toi; car je ne comprends rien à tes paroles...

Après une pause, pendant laquelle il chercha à recueillir ses souvenirs, le garçon reprit :

— Il y a environ quinze jours, milord et milady descendirent à l'hôtel pour y prendre quelques heures de repos; leurs gens nous apprirent qu'ils se rendaient à Nice pour la santé de madame... Pauvre chère dame, comme elle était pâle et souffrante, c'était à fendre le cœur... Car elle était si belle et paraissait si bonne !...

— Achève, achève donc ! m'écriai-je, en faisant un bond sur mon siége...

— Si bien, monsieur, qu'elle perdit connaissance dès qu'elle fut dans sa chambre, et qu'on m'envoya chercher un médecin, qui déclara que milady était hors d'état de pouvoir supporter la route...

— Assez... assez... Je devine le reste ; et... elle est morte, n'est-ce pas ?

— Oui, monsieur ; avant-hier on l'a portée dans le cimetière du Sud... Ah ! tenez, monsieur, cet événement a jeté la consternation dans toute l'hôtellerie... Nous la connaissions à peine ; mais nous l'aimions comme on aime les anges du ciel, car vous ne sauriez imaginer tous les bienfaits qu'elle répandait autour d'elle... Elle n'a oublié personne dans ses libéralités. La veille de sa mort, elle était restée seule dans son appartement ; elle avait exigé de son mari qu'il prît un peu d'air et d'exercice, et afin de le décider à s'éloigner, elle avait déclaré qu'elle se sentait beaucoup mieux. Alors elle sonna, j'accourus :

« — Etienne, me dit-elle de sa douce voix, vous m'avez servi avec zèle et intelligence, je vous dois une récompense ; tenez, acceptez ce souvenir. »

Et détachant de son cou cette belle chaîne d'or que voilà, elle me la glissa dans la main. Puis elle ajouta plus bas :

« — Mon ami, j'attends de vous un dernier service, et j'ai compté sur votre discrétion. Aujourd'hui, demain, peut-être, je ne serai plus... ; alors vous mettrez cette lettre à la poste, et elle me tendit un papier.

« — Soyez tranquille, madame, répondis-je, je me conformerai religieusement à vos ordres

« — C'est bien ! allez, mon ami ; je compte sur vous. »

— Et milord donc, comme il s'est montré généreux ; 500 livres qu'il a données pour les gens de l'hôtel. C'est égal, il paraissait bien à plaindre ; après les funérailles, il a demandé des chevaux et s'est sauvé comme un fou, quoi.

— Morte ! elle morte ! murmurai-je, tandis que cet homme me racontait naïvement ces scènes touchantes. Mais la lettre, vous l'avez peut-être, et vous savez à qui elle était adressée !

— Je l'ai encore ! c'est vrai ! mon Dieu ! comme je suis étourdi ! j'ai été si troublé, que je ne l'ai pas encore mise à la poste : mais ce matin, à l'instant même, j'y cours ; car j'ai presque un remords d'avoir tant tardé. C'est si sacré la volonté des morts.

Quant à l'adresse, je me la rappelle très-bien ; c'est à un monsieur Gaston de Beaufort, à Paris.

A ces mots, je me dressai de toute ma hauteur, et me précipitant sur lui :

— Il me faut cette lettre, m'écriai-je ? Il me la faut ; car ce nom, c'est le mien ; regardez plutôt mon passe-port.

Etienne me remit la lettre que je saisis avec avidité et plaçai sur ma poitrine.

— Maintenant, mon ami, il me reste une dernière prière à vous faire ! cédez-moi la chaîne, je la payerai ce que vous voudrez.

Le garçon, me voyant si exalté, se rendit à mes désirs, et bientôt la chaîne fut en ma possession.

Enfin. . j'aurai un souvenir d'elle !...

Revenu à moi, je me disposai à sortir, en me faisant indiquer le chemin du cimetière.

Lady Dudley reposait près de l'ancien palais des papes. Étrange et mystérieux contraste, un temple catholique abritait sa tombe.

Je m'acheminai lentement vers ce pieux asile de la mort ; et, seul au milieu de ces ruines désolées, je saluai pour la dernière fois les restes de la femme aimée. Puis je me levai, résolu, rasséréné, presque calme, comme si devant moi se fût ouvert tout un horizon d'espérances. Tels sont les hommes vraiment touchés par la plaie de l'affliction ; tel est le mystère des saintes reliques et du respect dont nous pénètrent les tombeaux !

XXII

Rentré à l'hôtel, je m'enfermai dans mon appartement et ouvris cette lettre qui me brûlait le cœur...

25 décembre.

Regina Dundas à M. Gaston de Beaufort.

« Je vais mourir ! à cette heure suprême où les secrets sont si lourds à garder, au moment de paraître devant Dieu, j'ose venir troubler vos joies, porter le deuil dans vos fêtes ! Oh ! soyez bon et miséricordieux, et que la confession de ma faute soit mon pardon devant vous.

« Ce que jadis la jeune fille n'eût jamais osé vous révéler, la femme mourante vous l'écrit ? Je vous aimais, Gaston, je vous aimais d'un amour profond, immense ; amour terrible que je paye de la vie et que j'ensevelis dans la tombe !

« Adieu ! Gaston... Adieu !... mon ami... Je peux bien vous offrir ce titre, à présent que je n'appartiens plus aux hommes. Ne me plaignez pas, car je suis heureuse ; que mon souvenir vous arrive comme un parfum des fleurs que nous avons cueillies ensemble, comme l'écho des pensées qui ont uni nos deux âmes sur le lac Heaven !...

« REGINA. »

Nous pouvons garantir l'exactitude des faits que nous ve-
nons de raconter. Le héros, jeune homme qui nous est connu
sous les plus honorables rapports, nous en a lui-même com-
muniqué les détails. En les livrant à la publicité, comme une
simple esquisse des mœurs anglaises et africaines, nous avons
pensé que nous serions agréable à nos lecteurs.

N^{on} DE SAINT-ALBIN.